KB241806

기요한
블랙홀행
은하버스

일러스트로 보는
과학이야기 2

기묘한 블랙홀행 은하 버스

하바 아리사 글·그림   이용택 옮김

우리은하와 **블랙홀**을 여행하는 우주 안내서

BOOK's
마니아

★ 머리말

제가 유치원에 다닐 적에 저희 어머니는 대학교에 다니고 있었습니다. 가정과 학업을 함께하느라 매우 힘드셨겠지요. 그래도 어머니는 대학교 공부가 즐거웠던 모양입니다. 어머니는 저에게 대학교가 어떤 곳인지 자주 이야기해 주셨습니다.

"대학교에서는 자기가 하고 싶은 연구를 마음껏 할 수 있단다. 그리고 그 연구를 기다란 논문으로 쓰면 되지."

그 말을 듣고 저는 초등학교에 올라갈 무렵부터 벌써 블랙홀에 관한 논문을 쓰겠다고 마음먹었습니다.

굳이 블랙홀 연구가 아니더라도, 달걀 프라이에 무엇을 뿌려야 할지에 관한 논문도 괜찮을 것 같았습니다. 달걀 프라이에 소금을 뿌려야 할지, 간장을 뿌려야 할지, 케첩을 뿌려야 할지, 아니면 마요네즈가 좋을지……. 그런 걸 조사하거나 연구하고 싶었습니다.

초등학교 저학년 때쯤에는 우주에 관한 지식이 조금 생겼습니다. 아마 부모님이 가르쳐 주셨거나, 「NHK 스페셜」이라는 텔레비전 프로그램을 보고 알았겠지요.

그 당시 우주에 관한 저의 지식은 '지구, 금성, 화성 등의 행성이 태양 주위를 돌고 있는데, 이를 태양계라고 한다. 태양계가 잔뜩 모여 있는 것을 은하라고 한다. 그 은하가 잔뜩 모여 있는 곳이 우주이다.' 하는 수준에 지나지 않았지만, 그때 생각만 하면 아직도 가슴이 설렙니다.

저는 도시에서 자랐기 때문에 어렸을 때 밤하늘을 올려다봐도 눈에 보이는 별은 손에 꼽을 정도로 적었습니다. 도시의 불빛 때문이기도 했지만, 건물이 시야를 가린 탓도 있었습니다. 그러나 머릿속에서는 끝없이 펼쳐진 은하와 우주를 또렷이 상상할 수 있었습니다. 천체관측이나 천체사진에는 통 흥미가 없었고, 오로지 상상만으로 즐거웠습니다.

블랙홀은 하늘을 올려다봐도 보이지 않고, 지구 가까이에 있지도 않습니다. 그 때문인지 머릿속으로 상상하기에 가장 좋은 대상이었습니다.

이런 이유로 저는 물리학을 전공으로 선택했고, 블랙홀 연구를 꿈꾸며 대학생 시절을 보냈습니다(달걀 프라이에 무엇을 뿌릴지에 관한 연구는 이미 오래전에 완전히 잊어 버렸습니다).

블랙홀은 우리가 사는 이 우주에 우리와 함께 존재하는 물체로, 밀도가 매우 높은 별입니다. 블랙홀의 밀도는 지구 전체 질량을 반지름 1cm 정도의 조그만 구슬 안에 쑤셔 넣은 것과 같습니다. 믿기지 않죠? 우리가 사는 이 우주에 이런 특이한 물체가 실제로 존재한다니, 그냥 무시하고 지나칠 수는 없겠지요?

블랙홀에 관한 책은 전문서든 일반서든 시중에 많이 나와 있습니다. 그러나 그런 책들은 물리학을 공부하지 않은 사람에게는 조금 벅차게 느껴지는 것이 사실입니다. 그 때문인지 학창 시절에 이과 과목을 잘하지 못했던 사람들은 블랙홀에 관한 책을 어려운 이과 교과서쯤으로 여겨서 좀처럼 펼쳐 보려 하지 않습니다.

그래서 저는 이미 시중에 나와 있는 책과는 사뭇 다른 느낌이 들도록 이 책을 썼습니다. 블랙홀 여행 가이드북을 술술 읽는 듯한 느낌이 들도록 말이지요.

이 책은 블랙홀에 관한 기본 지식, 최근의 연구 결과, 그리고 아직 밝혀지지 않은 의문점까지 모두 아우릅니다.

약간 어려운 물리학 지식이 나오더라도 재미있는 일러스트가 어느 정도 부담을 덜어 주거나 이해를 도울 수 있으리라고 생각합니다. 그래서 일러스트에 큰 비중을 두어 전체 분량의 절반 정도를 일러스트로 채웠습니다.

'블랙홀이 왜 하필 그곳에 있을까?', '블랙홀이 왜 그런 모습이 되었을까?' 같은 물음에는 만족할 만한 대답을 얻을 수 없을지도 모릅니다. 왜냐고요? 아직 블랙홀에 관해 밝혀진 게 거의 없기 때문이지요.

이 책의 목표는 우선 독자 여러분이 블랙홀을 좋아하게끔 만들고, 더 나아가 아직 밝혀지지 않은 우주의 수수께끼에 도전하는 과학의 묘미를 맛보게 하는 데 있습니다.

일러스트 위주의 이 책에서는, 『이상한 나라의 앨리스』의 등장인물 '험프티 덤프티'와 비슷한 몸매의 '박사님'이 여러분 대신 우주여행을 떠납니다.

'박사님'이 지구를 출발해 태양계를 벗어나서 최종적으로 우리은하 중심에 있는 거대 블랙홀 안으로 들어가는 여정을 따라가겠습니다.

그럼 이제부터 '박사님'이 된 기분으로 출발해 볼까요!

차례

머리말 • 4

PART 1 블랙홀행 편도 티켓

PART 2 지구 탈출

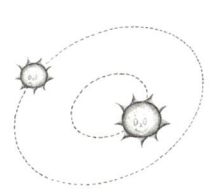

PART 9 종착지

PART 10 끝나지 않은 여행

☆ **PART 1**

블랙홀행 편도 티켓

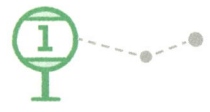

매혹적인 블랙홀 여행으로
여러분을 초대합니다

여기에 '블랙홀행 편도 티켓'이 있습니다.

지금부터 여러분은 블랙홀 여행을 떠나게 됩니다.

블랙홀(black hole)이 어떤 곳인지 알고 계시나요? 이름 정도만 겨우 아는 분도 계실 테고, 전혀 모르는 분도 계실 것입니다. 하지만 걱정하지 마세요. 지금부터 차근차근 가르쳐 드릴 테니까요.

블랙홀은 말 그대로…… 검은 구멍입니다.

정말 매혹적인 울림을 자아내는 이름이지요?

블랙홀은 중력이 엄청 강해서 한 번 빨려 들어가면 두 번 다시 나올 수 없습니다. 블랙홀의 중력은 지구 중력의 1조~2조 배에 달하기 때문입니다.

여기에서는 우선 중력에 관해 공부해 보겠습니다. 여행을 떠나기 위한 약간의 준비라고 할 수 있지요. 본격적인 블랙홀 여행은 공부를 끝낸 후 떠나도 늦지 않습니다.

저는 **중력** 덕택에 지구에 달라붙어 있습니다

중력은 '사과를 나무에서 떨어뜨리거나, 까마귀 똥을 하늘에서 떨어뜨리는' 힘입니다.

비가 땅으로 떨어지는 것도 중력 때문이지요.

분수가 기세 좋게 뿜어져 올라갔다가 일정 높이에 다다르면 방향을 바꿔서 떨어지는데, 이것도 중력의 작용입니다.

둥그런 지구상에서 반대쪽에 사는 사람들이 떨어지지 않고 살아갈 수 있는 이유는 무엇일까요?

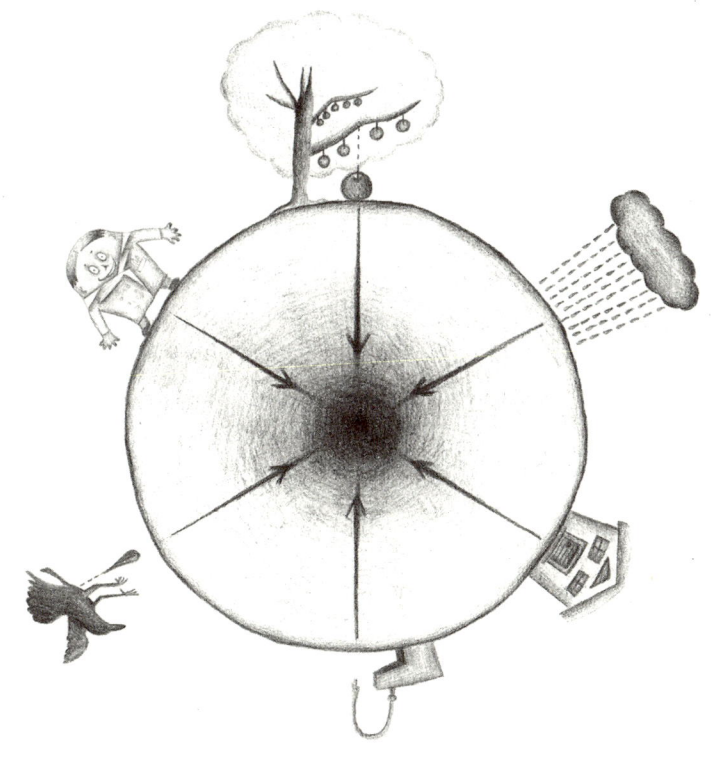

그것도 중력이 지구 중심을 향해 작용하기 때문입니다.

높은 곳에서 물체를 떨어뜨리면 흉기로 변합니다

지구 표면에서 중력에 의한 가속도[*1](g)는 약 9.8m/s²입니다.

$$g = 9.8 \cdots m/s^2$$

(과감히 10m/s²라고 하지 않는 점이 이상하죠? 그렇게 하지 않는 이유는 원주율 π=3.14……를 3이라고 하지 않는 이유와 같습니다. 만약 원주율을 3으로 줄여 버리면 많은 사람이 커다란 야유를 퍼붓겠지요.)

이 말은 손을 펴서 쥐고 있던 사과를 떨어뜨리면 사과의 속도가 1초마다 초속 9.8m씩 빨라진다는 뜻입니다. 사과뿐만이 아닙니다. '물체'라면 뭐든지 마찬가지입니다. 까마귀 똥이든 분수든 콘크리트든, 지구에서는 떨어지는 모든 물체의 속도가 1초마다 초속 9.8m씩 빨라집니다.

1초마다 초속 9.8m씩 빨라집니다.

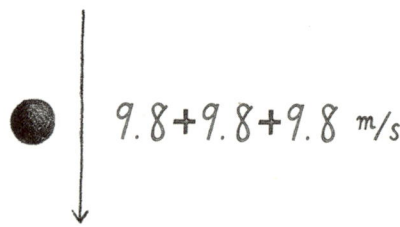

1초마다 초속 9.8m씩 빨라진다는 것은 속도 0의 물체를 떨어뜨렸을 때 다음과 같이 가속된다는 뜻입니다.

1초 후	9.8m/s
10초 후	98m/s
1분 후	588m/s
1시간 후	35,280m/s

몸무게 60kg인 박사님이든 몸무게 1,000kg인 괴물이든, 모두 이런 식으로 똑같이 가속됩니다.

이처럼 물체는 일단 떨어지기 시작하면 점점 빨라집니다. 그래서 사과는 무척 작지만 고층 건물 옥상에서 떨어뜨리면 어처구니없게도 흉기로 변할 수 있습니다. 우리는 이렇듯 신기한 힘인 중력의 존재를 특별히 느끼지 못한 채 태연하게 생활하고 있습니다.

블랙홀의 중력은
지구의 1.5조 배

중력은 지구의 전매특허가 아닙니다. 달에도, 태양에도, 그 외의 모든 별에도 중력이 존재합니다.

달 표면의 중력은 지구의 6분의 1입니다.
태양 표면의 중력은 지구의 28배입니다.

그럼 블랙홀의 중력은 어느 정도일까요? 태양의 질량[*2]보다 10배 큰 질량을 지닌 블랙홀을 상상해 봅시다. 이때 이 블랙홀 표면의 중력은 지구 중력의 무려 1.5조 배, 풀어쓰면 1,500,000,000,000배('1.5×10^{12}배'로도 쓸 수 있습니다. 10^{12}는 1 뒤에 0이 12개 붙는 수입니다.)!

[*2] '질량'이란 물체가 지닌 고유의 양이라서 어디에서든 변하지 않습니다. 이에 비해 '중량(무게)'이란 중력의 크기를 나타내는 양이라서 물체가 받는 중력의 크기가 변하면 중량도 변합니다. 따라서 달에서 몸무게를 재면 지구에서 잰 몸무게의 6분의 1밖에 되지 않습니다.

중력은 끌어당기는 힘입니다.

즉, 블랙홀은 지구의 1,500,000,000,000배의 힘으로 물체를 끌어당기는 셈입니다.

블랙홀의 경이로움이 서서히 드러나는 듯한 느낌입니다.

우리은하 중심의
거대 블랙홀로 떠납니다

  이제부터 블랙홀 여행을 시작하겠습니다. 이번에 가게 될 블랙홀은 어디에서나 흔히 볼 수 있는 블랙홀이 아닙니다. 우리가 향하는 곳은 바로 거대 블랙홀입니다.

  거대 블랙홀은 은하제국을 다스리는 폭군처럼 은하의 중심에 군림합니다. 그리고 보통 블랙홀(거대 블랙홀이 폭군이라면 보통 블랙홀은 백성이라고 할 수 있습니다.)은 폭군 블랙홀보다 훨씬 작고, 질량도 기껏해야 태양의 10~100배밖에 되지 않으며, 은하 여기저기에 올망졸망 흩어져 있습니다.

은하의 중심에는 거대 블랙홀이 있다.
거대 블랙홀은 보통 블랙홀보다
10만~1억 배나 크다. 보통 블랙홀은
은하 여기저기에 흩어져 있다.

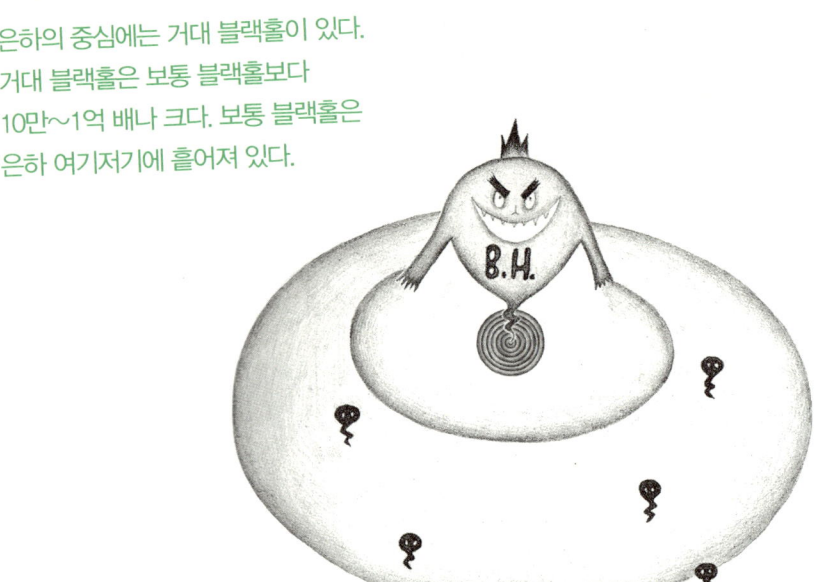

　폭군 블랙홀은 백성 블랙홀보다 100,000~100,000,000배나 큽니다. 역시 폭군답습니다.

　'은하'라는 말을 잘 모르는 분도 계실 것입니다. 나중에 자세히 나오므로 여기에서는 간단히 설명하겠습니다.

　우리는 태양을 중심으로 하는 태양계에 살고 있습니다. 이 태양계와 다양한 별들과 백성 블랙홀들이 수없이 모여서 은하를 이룹니다. 폭군 블랙홀은 그 은하의 중심에 자리잡고 있습니다.

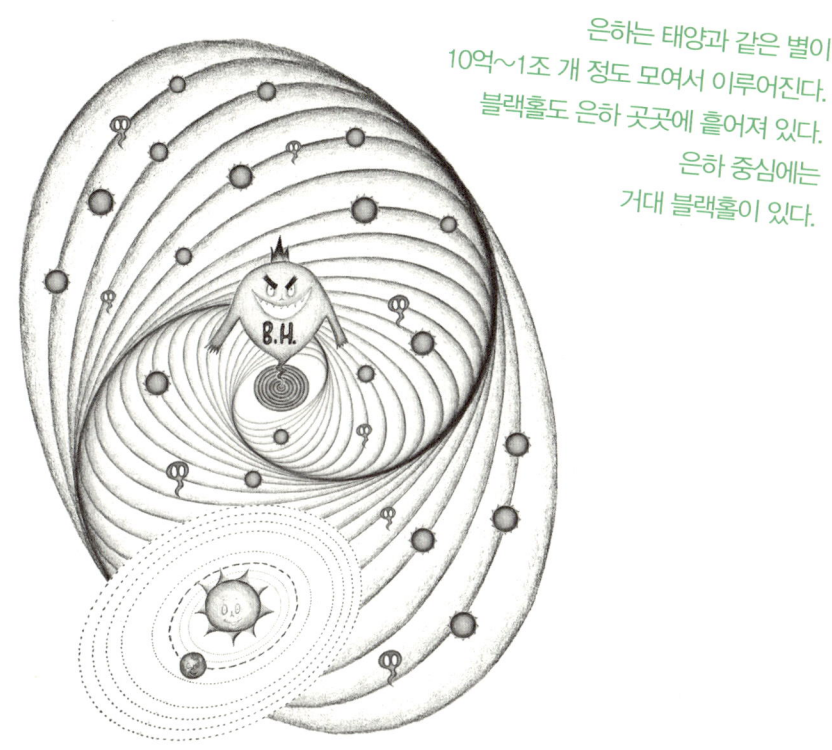

은하는 태양과 같은 별이
10억~1조 개 정도 모여서 이루어진다.
블랙홀도 은하 곳곳에 흩어져 있다.
은하 중심에는
거대 블랙홀이 있다.

태양계가 우리은하*3의 어디쯤에 위치하는지, 우리은하가 어떤 식
으로 이루어졌는지는 여행을 하다 보면 알 수 있을 것입니다.

자, 이제 드디어, 블랙홀을 향해 출발!

---

*3 우주에는 무수한 은하가 존재하는데, 우리 지구와 태양계가 속한 은하를 '우리은하'라고 부릅니다.

폭군 블랙홀과 백성 블랙홀 사이에 있는 중간 질량 블랙홀

앞에서는 은하 중심에 위치하고 질량이 매우 큰 거대 블랙홀(폭군)과, 질량이 기껏해야 태양의 10~100배밖에 되지 않는 보통 블랙홀(백성)만 소개했습니다. 하지만 그 중간 정도의 질량을 지닌 '중간 질량 블랙홀'도 우주에 존재한다는 사실이 최근 밝혀졌습니다.

이 중간 질량 블랙홀은 아직 많은 수가 발견되지는 않았지만, 폭군 블랙홀과 백성 블랙홀의 격차를 메워 줄 수 있는 존재가 아닐까 하고 생각됩니다.

중간 질량 블랙홀이 어떻게 생겨났는지는 아직 알 수 없습니다. 백성 블랙홀이 합쳐져서 생겨났다는 이야기도 있고, 커다란 은하에 흡수되는 작은 은하의 중심핵에서 떨어져 나온 잔해라는 이야기도 있습니다. 이 밖에도 여러 가지로 논의되고 있으니 앞으로의 관측과 연구에 기대를 걸어야 하겠습니다.

백성 블랙홀	$10 \sim 100 M_{\odot}$
중간 질량 블랙홀	$1,000 \sim 10,000 M_{\odot}$
폭군 블랙홀	$1,000,000 M_{\odot} \sim$

($M_{\odot}$에 관해서는 44페이지 참조)

PART 2

지구 탈출

지구에서 벗어납니다.
안전벨트를 꽉 매 주십시오

우리는 현재 지구 위에 있습니다. 블랙홀에 가기 위해서는 우선 지구를 벗어나야 합니다.

그래서 지구 대기를 뚫고 우주 공간으로 나가려 합니다. 가상의 버스인 '은하 버스'를 타면 지구를 벗어날 수 있습니다. 은하 버스에는 로켓 장치가 달려 있거든요.

그런데 지구 대기란 무엇일까요? 왠지 알 것 같으면서도 아리송합니다. 블랙홀과는 관련이 없지만 잠깐 짚고 넘어갈까요?

지구 주위에는 성질이 각각 다른 여러 층의 대기가 있는데, 이 대기들이 지구를 감싸고 있습니다.

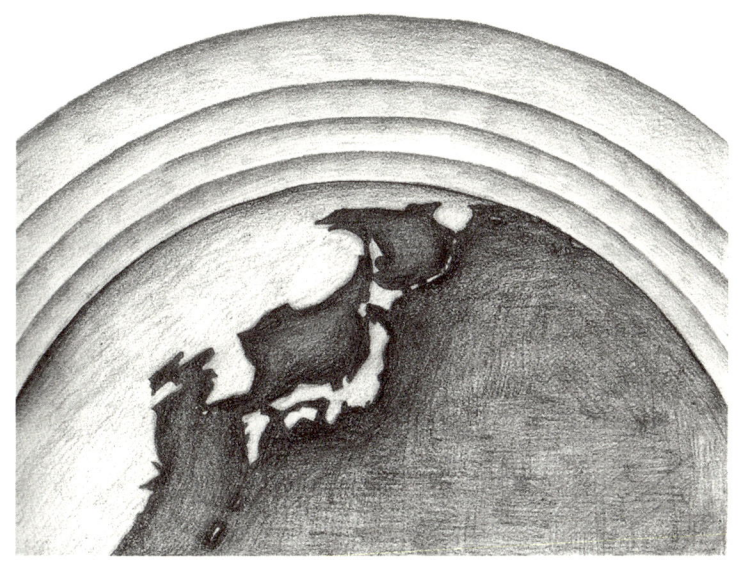

안전벨트를 매 주시기 바랍니다. 우주를 향해 서서히 올라가겠습
니다.

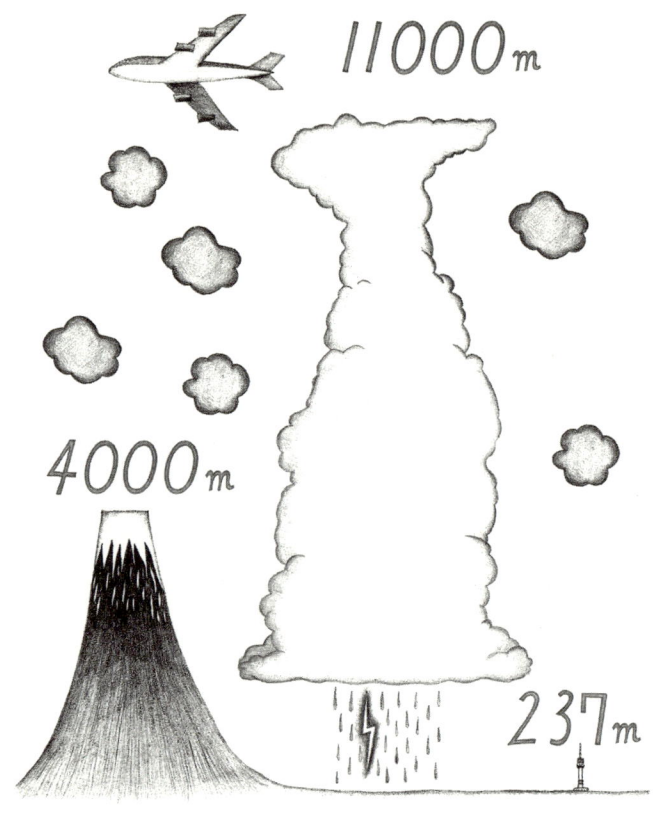

높이 237m에서 N서울타워를 지나쳤습니다.
높이 4,000m에서 멀리 일본의 후지 산 정상이 보입니다.

지표면에서 11km까지는 대류권입니다. 대류권은 지표면에서 가장 가까운 만큼 우리에게 매우 친숙합니다. 일기예보가 맞는지 틀리는지는 무척 중요한 문제이지요. 이런 날씨 변화도 모두 대류권에서 일어납니다. 즉 구름이 생기거나 비가 내리거나 태풍이 발생하는 곳이 바로 대류권인 셈이지요. 대류권에서는 바람도 많이 붑니다. 만약 번개의 신이 존재한다면, 그가 사는 곳 역시 대류권일 것입니다.

대류권은 위로 갈수록(지표면에서 멀어질수록) 기온이 떨어집니다. 대류권의 가장 끝 부분(지표면에서 11km 가량 떨어진 곳)에서는 제트기류라는 빠른 기류가 흐르고 있습니다. 비행기는 이 제트기류를 타고 날아갑니다. 비행기를 타고 창밖을 보면 창문에 서리가 내려앉은 것을 알 수 있습니다. 창밖이 얼마나 춥기에 서리까지 생길까요? 사실 창밖은 영하 70℃나 된답니다.

대기가 없으면 낮에도 별이 보입니다

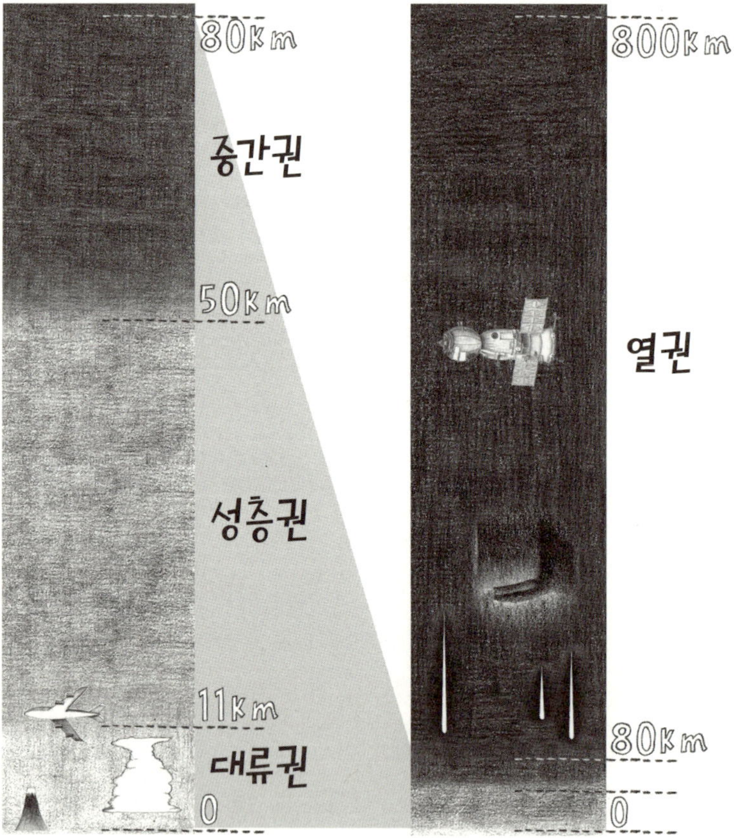

80km

중간권

50km

성층권

11km

대류권

0

800km

열권

80km

0

지구의 대기

지구의 중력을 거스르며 우주를 향해 계속 올라가겠습니다.

그런데 우리 머리 위에 항상 드리워져 있는 '하늘'의 정체는 무엇일까요? 밤이 되면 깜깜해지고 구름 없는 날에는 별들까지 반짝이니 '하늘=우주'라고 생각할지도 모르겠습니다. 사실 그것이 정답입니다. 그렇다면 맑은 대낮에 하늘은 왜 파랗게 보이는 걸까요? '낮에는 햇빛이 비치니까 밝게 보인다.'라고 대답한다면 절반만 정답입니다. '햇빛이 대체 무엇을 비춰서 밝게 만드는 것인지'를 생각해야 나머지 절반의 정답을 찾을 수 있습니다.

그 답은 바로 지구의 대기입니다.

하늘을 올려다본다는 것은 지구를 둘러싸고 있는 대기가 햇빛에 비친 모습을 본다는 뜻입니다.

태양광선은 지구에 도달하는 도중에 대기에 부딪혀 이리저리 산란합니다. 그래서 하늘이 밝게 보이는 것입니다. 대기라는 가림막 때문에 대기 바깥쪽에 펼쳐진 우주가 보이지 않는 셈이지요.

낮에는 대기가 가로막아
대기 바깥쪽에 펼쳐진 우주가 보이지 않는다.

만약 지구에 대기가 없다면 낮에도 밤처럼 별이 총총한 하늘을 볼
수 있을 것입니다. 번쩍번쩍 빛나는 태양과 함께 말이지요. 실제로,
대기가 없는 달에서는 푸른 하늘이 보이지 않습니다.

달에서는 하늘에 온종일
우주가 펼쳐져 있다.

대류권 위쪽에는 성층권이라는 대기층이 자리잡고 있습니다. 성층권에는 햇빛의 자외선을 차단해 주는 오존(O_3)이 존재합니다.

열권은 **오로라**와
별똥별의 무대

성층권 위로 더 올라가 보면 중간권이 나타나고, 중간권 위에는 열권이라는 이름의 대기층이 존재합니다. 남극이나 북극에서 볼 수 있는 오로라가 나타나는 곳이 바로 이 열권입니다. 별똥별도 열권에서 일어나는 현상입니다.

열권의 기체(질소와 산소)는 '플라스마(plasma)' 상태로 존재합니다. '플라스마'라는 말은 귀로 들었을 때 왠지 강한 느낌이어서, 개인적으로 마음에 드는 용어예요. 그런데 대체 플라스마가 무슨 뜻일까요? 플라스마는 '기체가 일부, 혹은 전부 전리된 상태'를 뜻합니다. '플라스마'에 '전리'라는 용어까지 연속으로 나왔군요. 하지만 용어만 딱딱할 뿐 현상을 이해하기는 그다지 어렵지 않습니다.

'전리'란 '전자의 가출'을 뜻합니다.

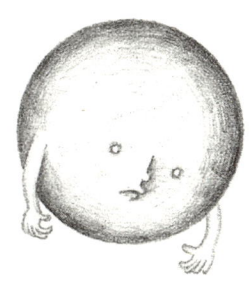

기체는 원자와 분자로 이루어져 있습니다. 분자는 여러 원자가 결합해서 생겨났습니다. 원자는 원자핵과 전자로 나눌 수 있는데, 원자핵 주위를 한 개, 혹은 여러 개의 전자가 돌고 있습니다. 평범한 기체의 경우에는 전자가 원자핵 주위를 열심히 돌지만, 에너지가 높아지면 전자가 가출해 버릴 수도 있습니다.*4

*4 기온을 높이거나 자외선을 쪼이거나 전자기장을 가하면 전자는 쉽게 가출해 버립니다.

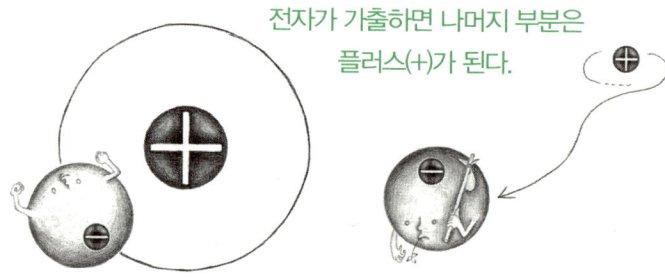

원자는 전체적으로 중성이지만
전자가 마이너스(−) 전하를 띠기 때문에,
전자가 가출하면 나머지 부분은
플러스(+)가 된다.

평상시의 원자핵과 전자

가출한 전자와 나머지 부분

이처럼 가출한 전자와 나머지 부분이 기체를 구성하는 원자나 분자의 1%가 되면, 그 상태를 플라스마라고 합니다. 일상생활에서는 불 속에서 플라스마를 찾아볼 수 있지요. 불 속 기체의 일부는 가출한 전자와 나머지 부분으로 나눌 수 있거든요.

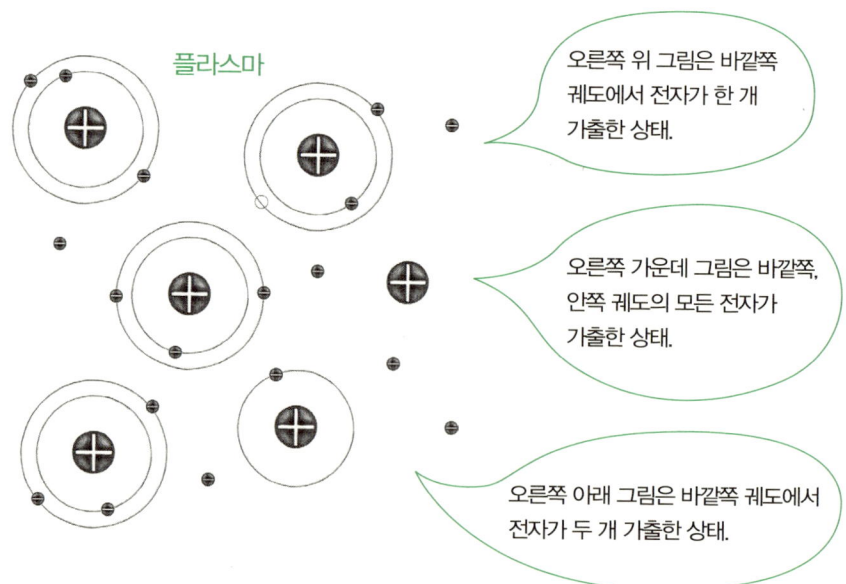

플라스마

오른쪽 위 그림은 바깥쪽 궤도에서 전자가 한 개 가출한 상태.

오른쪽 가운데 그림은 바깥쪽, 안쪽 궤도의 모든 전자가 가출한 상태.

오른쪽 아래 그림은 바깥쪽 궤도에서 전자가 두 개 가출한 상태.

본론으로 돌아가면, 오로라와 별똥별이 발생하는 열권의 기체(질소와 산소)는 다른 대기층과 달리 플라스마 상태입니다. 태양의 자외선이 그 원인이지요. 자외선을 쬠으로써 일부 질소와 산소 속의 전자가 가출하는 것입니다.

작은 천체가 맹렬한 속도로 지구 대기에 날아들면 열권의 플라스마가 빛을 내면서 별똥별을 생성합니다.

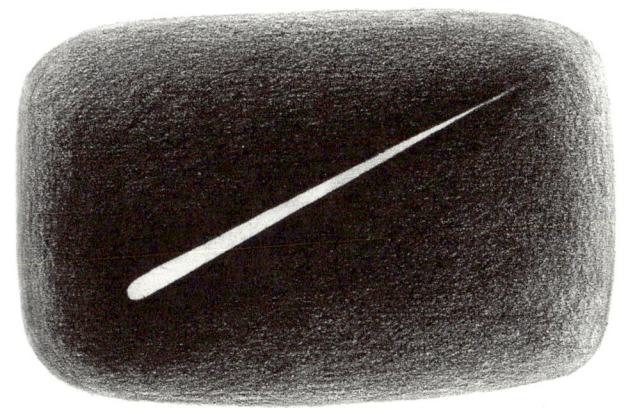

우주 공간은 대부분 플라스마 상태라고 합니다. 열권은 벌써 절반 정도는 우주 공간인 셈이지요. 열권을 통과하면 드디어 지구 대기권에서 완전히 빠져나가게 됩니다.

안내 1: **거리 단위**로는 '광년'을 사용합니다

은하 버스의 운전사가 다음과 같은 '운행 규칙 안내문'을 나눠 줍니다.

안내 1: 거리 단위에 관해

언제나 저희 은하 버스를 이용해 주셔서 감사드립니다.

거리 단위에 관해 안내해 드리겠습니다. 저희 버스는 거리 단위로 '광년'을 사용합니다. '1광년'이란 '1년 동안 빛이 이동하는 거리'입니다.

빛의 속도는 항상 일정하며, 초속 30만km(초속 3×10^8m)입니다. 즉, 빛은 1초 동안 3×10^8m를 이동한다는 뜻입니다. 따라서 빛이 1년 동안 이동하는 거리(1광년)는 다음과 같습니다.

$$1광년 = 9.46 \cdots \times 10^{15} m$$

광년을 사용하는 이유는 지구상의 거리 규모와 우주, 별, 은하의 거리 규모가 서로 크게 차이가 나기 때문이오니, 부디 양해해 주시기 바랍니다.

덧붙이자면, 천문학자는 일반적으로 파섹(pc)이라는 단위를 사용합니다.
파섹이란, 다음과 같은 애플파이의 반지름입니다.

각도: $\left(\dfrac{1}{3600}\right)^{\circ}$

호의 길이: 태양과 지구 사이의 거리(1.5억km)

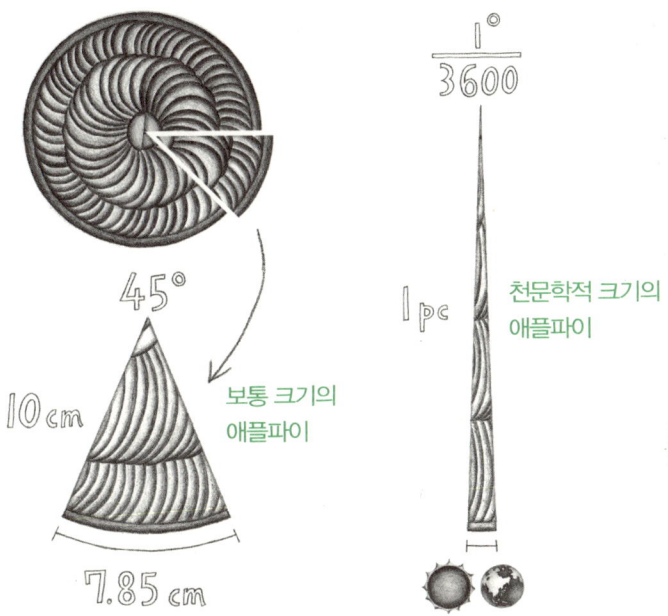

45°

10 cm

보통 크기의
애플파이

7.85 cm

$\dfrac{1^{\circ}}{3600}$

1 pc

천문학적 크기의
애플파이

$1\,pc = 3.26\,광년 = 3 \times 10^{16}\,m$

앞으로도 저희 은하 버스를 많이 이용해 주시기 바랍니다.

은하 버스 올림

안내 2: 질량 단위로는
'태양질량(M☉)'을 사용합니다

두 번째 안내문입니다.

안내 2: 질량 단위에 관해

언제나 저희 은하 버스를 이용해 주셔서 감사드립니다.

질량 단위에 관해 안내해 드리겠습니다. 저희 버스는 질량 단위로 '그램 (g)' 및 '킬로그램(kg)'과 함께 '태양질량(M☉)'을 사용합니다.

태양질량이란 말 그대로 '태양의 질량'입니다. 즉, '태양의 질량의 몇 배인 가?'라는 표현으로 간단하게 질량을 나타낼 수 있는, 매우 편리한 단위입니다.

태양질량을 사용하는 이유는 태양보다 훨씬 큰 규모의 질량을 고려해야만 할 때, 익숙한 태양을 예로 듦으로써 그 크기를 쉽게 짐작할 수 있기 때문입니다('축구 경기장의 몇 배'라는 표현과 비슷합니다).

태양질량은 2×10^{33}g입니다. 앞으로는 M☉으로 표기하겠습니다.

$$1M_{\odot} = 2 \times 10^{33} g$$

질량이 태양보다 2배 크면 2M⊙이 됩니다. 질량이 태양보다 100배 크면 당연히 100M⊙이 됩니다.

지구의 질량은 6×10^{27}g이므로, 태양질량으로 나타내면 0.000003M⊙입니다.

갑자기 M⊙라는 기호에 익숙해지기는 어려우므로 이 기호를 사용할 때에는, '200M⊙(태양질량의 200배)'라는 식으로 괄호 안에 설명을 덧붙이겠습니다.

은하 버스에서 내리실 때쯤에는 분명히 'M⊙'라는 기호에 익숙해져 계실 것입니다.

앞으로도 저희 은하 버스를 많이 이용해 주시기 바랍니다.

은하 버스 올림

지구의 저녁노을이 붉은 이유

빛은 파장의 길이에 따라 색이 달라집니다. 예를 들면 다음과 같습니다.

> '파장이 긴 빛은 붉은색'
> '파장이 짧은 빛은 파란색'

그리고 파장의 길이에 따라 성질도 달라집니다.

> 지구 대기의 기체 분자 크기는 태양빛의 파장에 비해 매우 작다. 이때 파장이 짧은 빛은 파장이 긴 빛보다 더 많이 산란된다 (레일리 산란).

태양에서는 여러 가지 파장(다시 말해, 여러 가지 색)의 빛이 나옵니다.

하늘이 파랗게 보이는 이유는 짧은 파장의 파란색이 긴 파장의 붉은색보다 대기의 기체 분자에 더 쉽게 산란되기 때문입니다. 우리는 산란된 빛을 보고 '하늘은 파랗다.'라고 말하는 것이지요. 긴 파장의 빛은 별로 산란되지 않은 채 대기를 통해 우리에게 도달합니다.

저녁에는 태양빛이 두꺼운 대기를 통과하면서 우리에게 도달합니다. 태양빛이 우리에게 도달했을 때쯤에는 이미 보라색, 파란색, 초록색 같은 짧은 파장의 빛은 완전히 산란되어 볼 수 없습니다. 붉은색 같은 긴 파장의 빛만 가까스로 살아남아 우리 눈 가까이에서 산란됩니다. 그래서 저녁에는 붉고 아름다운 하늘을 감상할 수 있는 것입니다.

지구 대기와 태양과의 관계

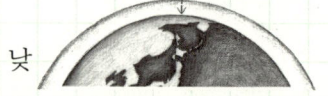

낮

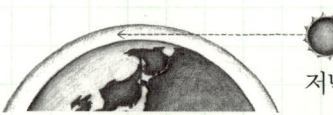

저녁

☆ PART 3

태양계 여행

'무중력'이란
'중력이 없다'는 뜻이 아닙니다

드디어 우주 공간으로 나왔습니다!

지금 우리는 태양계 안에 있습니다.

왼쪽부터 태양, 수성, 금성, 지구

마침내 지구의 중력을 뿌리치고 여기까지 왔군요.

'우주는 무중력이다.'라는 이야기를 자주 듣습니다. 그런데 '무중력'이란 무슨 뜻일까요? 또 중력에 관한 이야기를 해야겠네요.

우주에서 '무게'가 있는 물체는 모두 '중력'을 지닙니다. '나'라는 생물도 역시 중력을 갖고 있습니다. 중력이란 '물체를 잡아당기는 힘'이라고 보면 되지요.

그러면 '무중력'이란 아무것도 잡아당길 수 없는 상태란 말일까요? 아닙니다. 물체가 존재하는 순간 이미 물체끼리 서로 잡아당기게 되기 때문입니다.

그럼 무중력을 느끼려면 어떻게 해야 할까요? 무중력을 체감하려면 중력을 거스르지 않고 운동하는 존재가 되어야 합니다. 외부로부터 힘을 가하지 않고 자연의 법칙에 맡겨 운동하는 상태가 되는 것입니다.

사실 우리는 일상 속에서 무중력과 거의 가까운 상태를 쉽게 경험합니다. 엘리베이터에 탔을 때 엘리베이터가 갑자기 확 내려가는 순간이 있을 것입니다. 그 짧은 순간 무중력을 살짝 체험한 셈입니다. 만약 엘리베이터의 와이어가 끊어져서, 엘리베이터와 그 안에 탄 사람이 지구 중력에 따라 떨어진다면 진정한 무중력을 체감할 수 있게 됩니다. 이것이 앞에서 설명한 '중력을 거스르지 않는 운동'입니다.

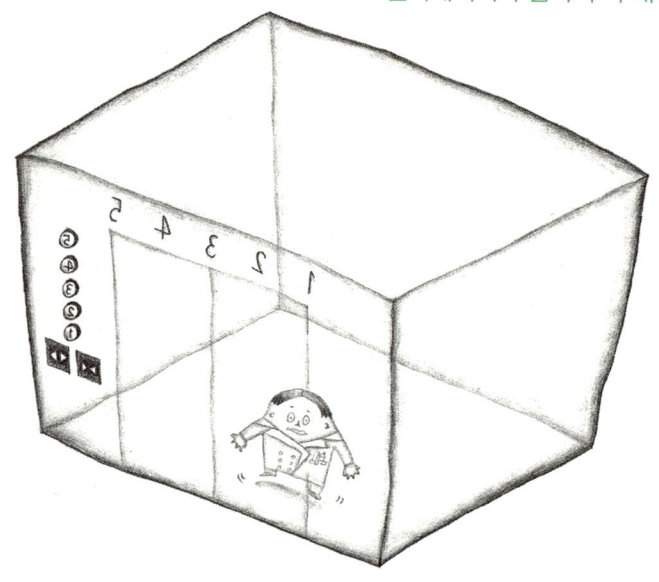

　번지점프로도 무중력을 체험할 수 있습니다. 번지점프는 엘리베이터가 갑자기 확 내려갈 때의 한순간처럼, 지구 중력에 몸을 맡겨 떨어지는 운동이기 때문입니다.

　그런데 저는 번지점프를 별로 추천해 드리고 싶지 않습니다. 저는 뉴질랜드에서 번지점프를 하고 나서 다시는 번지점프를 하지 말아야겠다고 생각했습니다. 현지인은 "다리가 안 부러져서 다행이네요." 라고까지 말했습니다. 번지점프를 했다가 발목을 골절당하는 사람이 많은 모양입니다. 번지점프는 저에게 젊은 혈기의 소치였습니다. 지금 생각해 보면 어떻게 그런 무시무시한 짓을 했는지…….

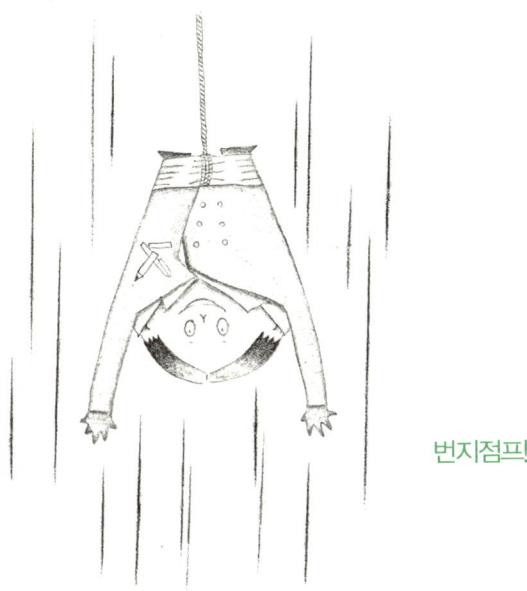

번지점프!

　우주 공간에서 우주 비행사가 체험하는 무중력은 어떤 느낌일까요? 우주 비행사가 우주선 기체와 함께 지구 중력에 몸을 맡겨 운동하는 것도 무중력입니다. 번지점프와 우주선이 그리는 궤적은 서로 다르지만, 둘 다 중력을 거스르지 않고 운동한다는 점에서는 똑같기 때문입니다.

우주선의 궤적은 지구 주위를 돌고,
번지점프의 궤적은 지구 중심을 향한다.

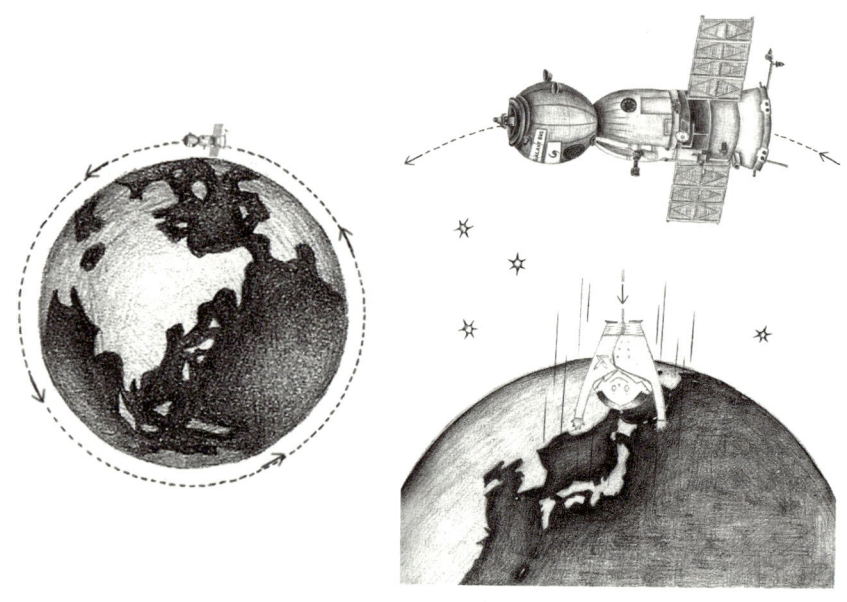

사실, 태양과 지구(행성)의 관계는 지구와 우주선의 관계와 마찬가지입니다. 만약 지구가 둥근 우주선이고 우리가 그 속에서 살아간다면, 우리는 우주 비행사와 마찬가지로 무중력 상태에서 생활하는 것과 다름없습니다.

지구가 마치 둥근 우주선이고
우리가 그 속에서 살아간다면,
우리는 무중력 상태에서 생활하게 된다.

하지만 우리는 지구에 달라붙어 있기 때문에 중력을 거스르지 않고 운동하고 싶어도 그러지 못하지요. 그것이 '중력이 있다'고 느끼는 이유입니다.

'무중력 상태'는 '중력이 없는 상태'가 아니라, 중력을 거스르지 않고 운동하기 때문에 마치 '중력이 작용하지 않는 것처럼 느끼는 상태'입니다. '중량(무게)이 없는 상태'라고 할 수 있지요.

따라서 '무중력 상태'를 '무중량 상태'라고 바꿔 말할 수도 있을 듯합니다. 오히려 '무중량 상태'라는 말이 더 정확할지도 모르겠네요.

행성 투어를 시작합니다.
먼저 수성부터, 금성, 지구 순으로……

우리는 블랙홀을 향해 가던 길이었지요? 가공의 버스 '은하 버스'로 여행을 하고 있던 중이었습니다. 은하 버스에는 여러분의 '눈'만 타고 있다고 생각해 주세요. 그러니 우주에서 어떻게 숨을 쉴지, 온도나 압력이나 자외선에 버틸 수 있을지 걱정할 필요는 전혀 없습니다.

다음 목적지는 '태양계 종점'입니다. 여기서 한 번 갈아타야 합니다.
우주 공간에 나온 김에 태양계 행성 투어를 하고자 합니다.

태양에서 가장 가까운 '수성', 그다음 궤도를 도는 '금성', 우리가 사는 '지구', 그다음은 '화성' 순으로 말입니다. 이 4형제는 서로 매우 닮았습니다.

왼쪽부터 수성, 금성, 지구, 화성

우선 맨 왼쪽에 보이는 것이 '수성'입니다. 수성은 지구보다 작은 행성으로, 지름이 지구의 절반 이하입니다. 그리고 수성의 1년은 지구의 약 4분의 1에 불과합니다. 지구는 열두 달 만에 태양을 한 바퀴 돌지만, 수성은 겨우 석 달 만에 태양을 한 바퀴 도는 셈입니다.

그다음으로 '금성'과 '화성'이 있습니다. 이 두 행성은 지구와 특히 더 닮았습니다. 금성과 화성이 처음에 막 생겨났을 때에는 크기와 구성 물질이 지구와 거의 비슷했습니다. 그러나 시간이 지나면서 점차 차이가 나기 시작했습니다. 사람은 환경에 따라 달라진다고 하는데, 행성도 마찬가지지요. 예를 들어, '태양까지의 거리'라는 환경에 따라 금성과 지구와 화성은 서로 커다란 차이를 보이게 되었습니다.

특히 지구가 완전히 바뀌었습니다. 지구가 금성이나 화성과 구별되는 커다란 차이는 다음과 같습니다.

- 지구에는 바다가 있다.
- 금성, 화성의 대기 중 이산화탄소의 비율은 지구보다 훨씬 높다.

어떤 요인이 지구를 이토록 크게 변화시켰을까요? 금성, 지구, 화성이 막 탄생했을 때의 상황을 살펴보겠습니다.

이 3형제가 막 탄생했을 때에는 이산화탄소(CO_2)가 대기에 꽉 차 있었다고 합니다. 또한 수증기(기체 상태의 물, H_2O)도 존재했습니다.

행성 형성이 거의 끝나갈 무렵에 금성, 지구, 화성에서는 수증기가 차가워지면서 바다가 생겨났습니다. 그러나 금성은 태양과 너무 가까웠기 때문에 바다가 증발해서 다시 수증기로 돌아가 버리거나, 수증기가 수소와 산소로 분해되어 수증기 자체가 사라져 버렸습니다. 한편 화성은 태양에서 너무 멀리 떨어져 있었기 때문에 물이 표면에 얼어붙었습니다. 이런저런 이유로 현재 금성과 화성에는 바다가 없습니다.

지구는 태양으로부터 딱 적당한 위치에 떨어져 있었던 덕분에 액체 상태의 물이 바다로 존재할 수 있었습니다.

이산화탄소는 어떨까요? 수성과 금성의 대기 중 95% 이상이 이산화탄소로 구성되어 있습니다.

그러나 지구에는 이산화탄소가 아주 조금밖에 없습니다(최근에는 늘어나는 추세지만요). 현재의 지구에는 질소(N_2)가 78%, 산소(O_2)가 20%, 이산화탄소는 겨우 0.03%밖에 없습니다.

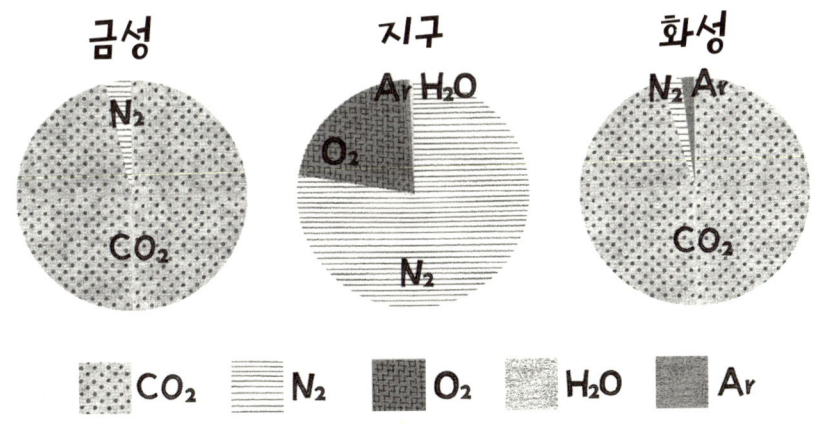

금성, 지구, 화성의 대기 성분

지구가 막 탄생했을 적에 대기 중에 잔뜩 있었던 이산화탄소는 다 어디로 갔을까요?

이 물음에 대한 답은 '바다'와 '생물'이 쥐고 있습니다.

지구는 태양으로부터 가깝지도 멀지도 않은 적당한 위치에 있었고, 결과적으로 바다가 탄생하기에 알맞은 온도를 지녔습니다. 그래서 물은 바다가 되어 액체 상태로 존재할 수 있었습니다. 지구가 탄생한 직후 대기 중에 있었던 이산화탄소의 일부는 이 바다에 녹아들었습니다. 바다에 녹아든 이산화탄소는 바다의 미네랄과 결합해서 침전물이 되었고, 이 침전물이 대기 중의 이산화탄소를 바다에 더욱 녹아들게 만들었습니다.

또 한 가지 중요한 요인은 '생물'의 출현입니다. 식물이 생명 활동인 광합성을 시작하고 생물의 골격과 껍데기가 바다 밑바닥에 퇴적됨으로써, 이산화탄소가 겨우 0.03%까지 줄어든 것입니다. 우리 생물이 지구 환경을 바꿨다고 할 수 있네요!

행성 투어를 시작합니다.
그다음은 **목성, 토성**······

화성을 지나면 화성과 목성 사이에 '소행성'이라는 크고 작은 바위
행성이 무수히 흩어져 있습니다.

목성   토성   천왕성   해왕성

소행성에 부딪히면 큰일입니다.

은하 버스가 마침내 '목성'에 가까워졌습니다. 멋있는 고리를 두른 '토성'도 보입니다. 먼 곳에 아련히 떨어져 있는 행성은 '천왕성'과 '해왕성'이겠지요.

목성은 태양계에서 가장 큰 행성입니다. 지름부터가 지구의 10배 이상입니다. 태양 쪽에 가까운 네 행성과 태양에서 멀리 떨어진 나머지 네 행성은 서로 성질이 완전히 다릅니다.

'목성'과 '토성'은 두꺼운 수소, 헬륨 대기로 덮여 있습니다.
'천왕성'과 '해왕성'은 수소, 헬륨 대기와 얼음으로 덮여 있습니다.
네 행성 모두 대부분이 수소 대기로 덮여 있는 셈입니다. 밀도도 작아서 지구의 5분의 1 정도밖에 되지 않습니다.[*5] 만약 로켓을 타고 이들 행성에 가서 단단한 표면에 착륙하려면 무척이나 두꺼운 수소 대기를 한없이 뚫고 지나가야 합니다. 대기를 통과할 때에도 엄청난 온도와 압력과 중력 때문에 몸을 가누기가 어려울 것입니다. 두꺼운 수소 대기가 전혀 흐트러짐 없이 한 덩어리로 뭉쳐서 태양 주위를 빙글빙글 돌고 있다고 생각하니 신기할 따름입니다. 이것도 역시 중력의 힘입니다. 참으로 가공할 만한 힘이 아닐 수 없습니다!

[*5] 밀도란 질량을 부피로 나눈 값입니다. 여기에서 말하고자 하는 것은 목성, 토성, 천왕성, 해왕성이 지구에 비해 크지만 매우 가볍다는 사실입니다.

수성   금성

지구   화성

목성   토성

천왕성   해왕성

태양계 행성의 구조는 크게 두 가지로 나눌 수 있다.
위쪽이 태양에서 가까운 행성 무리다. 단단한 암석 지각으로 덮여 있다.
아래쪽이 태양에서 먼 행성 무리다. 두꺼운 수소 대기로 덮여 있다.

찬란하기로는 **태양**을
이길 자가 없습니다

은하 버스는 '태양계 종점'을 향해 열심히 달립니다.

태양에서 가장 먼 궤도를 그리며 도는 행성인 해왕성을 지나서 행성들이 있는 곳을 완전히 빠져나가자, 크고 작은 바윗덩어리 같은 천체들만 나타날 뿐 풍경은 그다지 바뀌지 않습니다. 당분간 이런 풍경이 계속될 것 같아서 액셀을 밟아 속도를 높여 봅니다.

행성은 점점 멀어져서 결국 보이지 않게 되었지만, 태양만큼은 확실히 선명하게 확인할 수 있습니다. 그도 그럴 것이, 태양계 전체 질량의 99% 이상은 태양이기 때문입니다! 나머지 1% 미만이 목성·토성·지구 등의 행성이나 달 등의 위성, 그 외의 작은 천체입니다(게다가 이 1% 미만의 대부분은 목성의 질량이 차지합니다).

이와 똑같은 비율로 빵을 만들어 늘어놓아 볼까요? 그러면 엄청나게 큰 빵을 하나, 완두콩 크기의 빵을 하나, 그리고 깨알 같은 빵을

여러 개 늘어놓아야 합니다.[*6]

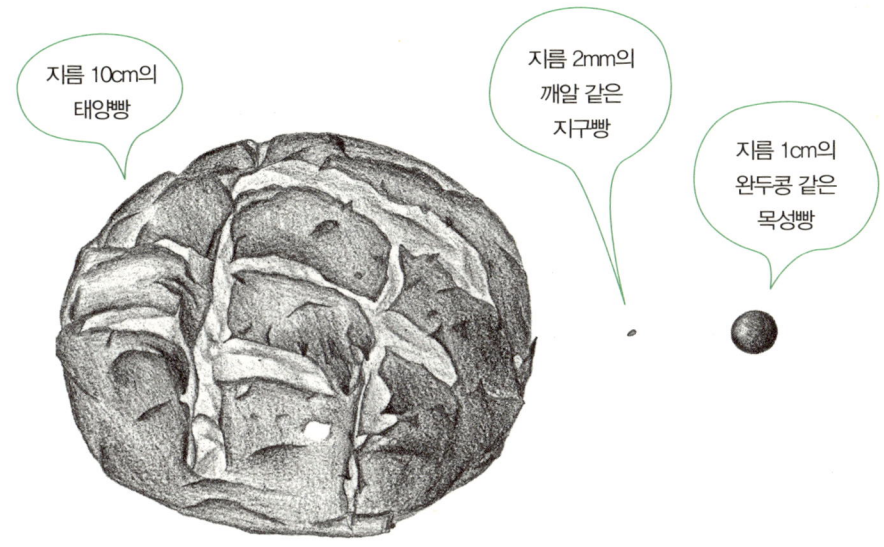

지름 10cm의
태양빵

지름 2mm의
깨알 같은
지구빵

지름 1cm의
완두콩 같은
목성빵

　그리고 태양은 찬란히 빛납니다. 그 찬란함은 '태양이 태양계의 독
보적인 존재다.'라고 주장하는 듯합니다.

　그렇습니다. 태양은 태양계 안에서 특별한 천체라고 할 수 있습니
다. 스스로 빛을 내는 유일한 천체이기 때문이지요.
　행성은 스스로 빛을 내지 않습니다. 태양빛을 받아 반사시키는 데
지나지 않습니다.

*6 목성의 반지름은 태양의 반지름의 10분의 1 정도입니다. 부피는 반지름의 세제곱이기 때문에, 목성
　의 부피는 태양의 부피의 1,000분의 1 정도가 됩니다.

여기에서 태양에 관해 이야기해 보겠습니다. 태양은 스스로 빛을 내는 천체입니다. 이런 천체를 '항성'이라고 합니다. 우리가 흔히 말하는 '별'이 바로 항성입니다(이 책에서도 '별'이라고 할 때 별다른 설명이 없으면 '항성'을 의미합니다).

지금까지 살펴본 '행성'은 단순한 가스나 암석 덩어리일 뿐, 빛을 내지 않습니다. 지구는 물론 지구의 위성인 달도 마찬가지입니다.

화성이나 달이 밤하늘에서 빛나 보이는 이유는 태양빛을 반사하기 때문입니다. 게다가 이들 행성이나 위성은 멀리 떨어진 다른 별보다 지구와 훨씬 가까우므로 더 크게 보입니다. 우리는 밤하늘의 행성을 가리키며 마치 스스로 빛난다는 듯이 '별이 예쁘게 빛난다'며 감탄합니다. 그러나 행성의 내부 구조는 항성과 크게 다릅니다.

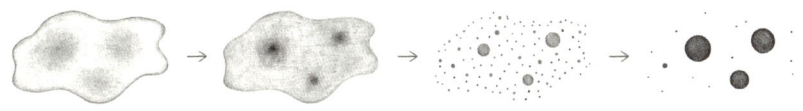

항성이나 행성은 우주에 떠다니는 성간물질의 밀도가 높은 곳에서 생겨납니다. 성간물질이 중력으로 인해 점점 뭉치다가 결국 커다란 덩어리가 되는 것이지요.

항성이든 행성이든 똑같은 우주 물질로 형성되었고 둘 다 모양도 둥급니다. 그렇다면 대체 무슨 요소가 '항성'과 '행성'을 구분 지었을까요?

항성이 되느냐 안 되느냐는 단 한 가지 요소로 결정됩니다. 그것은 바로 천체의 질량입니다. 다음 정거장에서는 어느 정도의 질량을 지닌 천체가 항성이 될 수 있는지 자세히 살펴보겠습니다.

찬란하게 빛나는 항성이 되기 위한 시험
-항성 선발 대회

지금으로부터 46억 년 전에 개최된 '우주력 9,000,000,000년도 제90회 항성 선발 대회'에 참가한 수많은 별 중에 두 명을 소개하겠습니다.

> **참가 번호 1: 어린이 태양 군**(← 태양의 유소년기 이름입니다.
> '원시 태양'이라고도 부릅니다.)
>
> **참가 번호 2: 어린이 목성 군**(← 목성의 유소년기 이름입니다.
> '원시 목성'이라고도 부릅니다.)

심사 조건이 발표되었습니다. 조건은 단 한 가지입니다.

항성 선발 1차 심사 기준
질량이 약 0.08M☉
(태양질량의 0.08배,
1.6×10^{32}g) 이상일 것

참가 번호 1번 어린이 태양 군의 몸무게(질량)는 2×10^{33}g($1M_\odot$)이어서 간신히 합격입니다. 장래에 훌륭한 항성이 될 것이라는 보증을 받았습니다.

참가 번호 2번 어린이 목성 군의 몸무게(질량)는 1.9×10^{30}g($0.001M_\odot$)입니다. 어린이 태양 군과 격차가 큽니다. 불합격입니다.

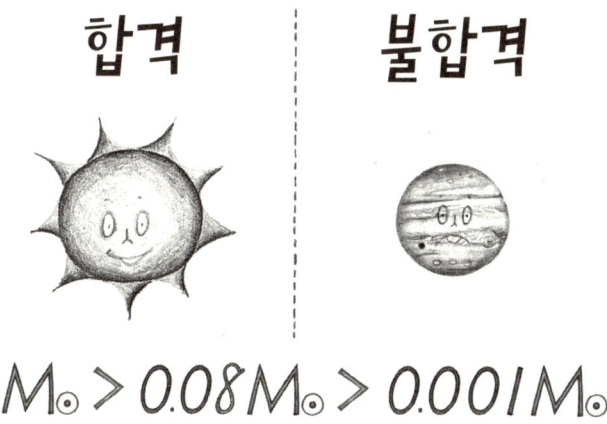

$$1M_\odot > 0.08M_\odot > 0.001M_\odot$$

이로써 목성은 항성이 되는 데 실패하고 태양계에서 가장 큰 '행성'으로 남았습니다.

질량 1.6×10^{32}g$=0.08M_\odot$(태양질량의 0.08배)은 빛나는 천체인 항성이 되기 위한 최소 질량입니다.

천체가 이 질량 이상이라면 중심핵에서 핵융합반응[*7]이 일어나는

데 충분한 상태가 됩니다. 그러면 에너지가 만들어지고 표면에서 그 에너지가 열로 방출됩니다. 그것이 우리 눈에는 찬란하게 빛나는 것처럼 보입니다.

온도는 표면으로 갈수록 낮아지는데, 표면 온도는 5,000~8,000℃ 정도입니다. 조금만 가까이 다가가도 완전히 익어 버리겠네요.

태양 중심부에 있는 핵에서 핵융합반응이 일어나 에너지가 만들어진다. 중심핵은 반지름의 4분의 1 정도를 차지한다.

사실, 앞서 설명한 보통의 '백성 블랙홀'은 항성이 진화한 것이라고 합니다.

---

*7 가벼운 원자핵끼리 매우 가까워지면서 융합해서 하나의 무거운 원자가 되는 반응입니다. 융합 패턴에 따라서는 막대한 에너지가 방출됩니다. 이때 수소에서 헬륨이 만들어집니다.

별이 블랙홀이 되는 조건도 역시 질량입니다. 특정 질량 이상의 항성이 항성으로서의 일생을 마치면 블랙홀로 변신할 수 있습니다. 블랙홀이 될 운명은 타고난다고 할 수 있지요.

그런데 우리가 향하고 있는 우리은하 중심의 거대 블랙홀 '폭군'은 대체 어떻게 그런 모습이 되었을까요? 그 이유는 아직 수수께끼에 싸여 있습니다. 천문학자가 그 베일을 벗기기 위해 밤낮을 가리지 않고 연구하는 중이지요.

태양계에 관한 이야기를 하다 보니 은하 버스는 어느새 '태양계 종점'에 도착했습니다.

전자와 원자핵, 지구와 태양

물질은 원자핵과 전자로 이루어져 있고, 전자가 원자핵 주위를 돌면서 존재합니다. 이는 행성–태양의 관계와 비슷해 보입니다.

굉장히 큰 규모의 행성–태양과 굉장히 작은 규모의 전자–원자핵이 이토록 닮은 구조를 지니게 된 요인은 인력입니다. 행성과 태양은 중력이라는 인력으로, 전자와 원자핵은 전자기력이라는 인력으로 서로 잡아당기며 떨어지지 않는 관계입니다.

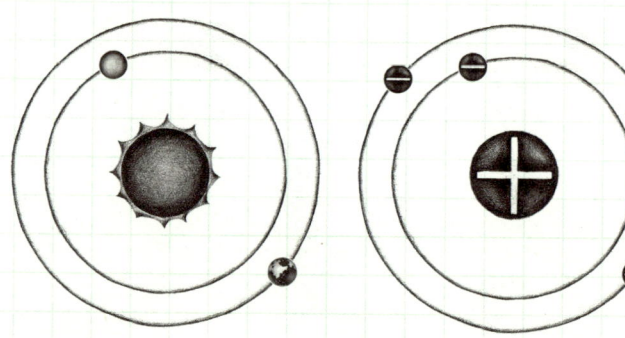

위 그림은 개념도일 뿐 실제와는 다릅니다. 태양을 도는 행성의 궤도는 실제로 정확한 원이 아니기 때문입니다. 한편, 전자는 원자핵에 대해 양자조건(원자 내 전자의 정상 상태를 결정하는 조건)을 충족하는 궤도만을 취합니다.

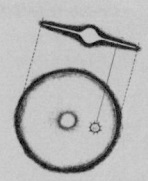

☆ **PART 4**

태양계 종점에서 환승

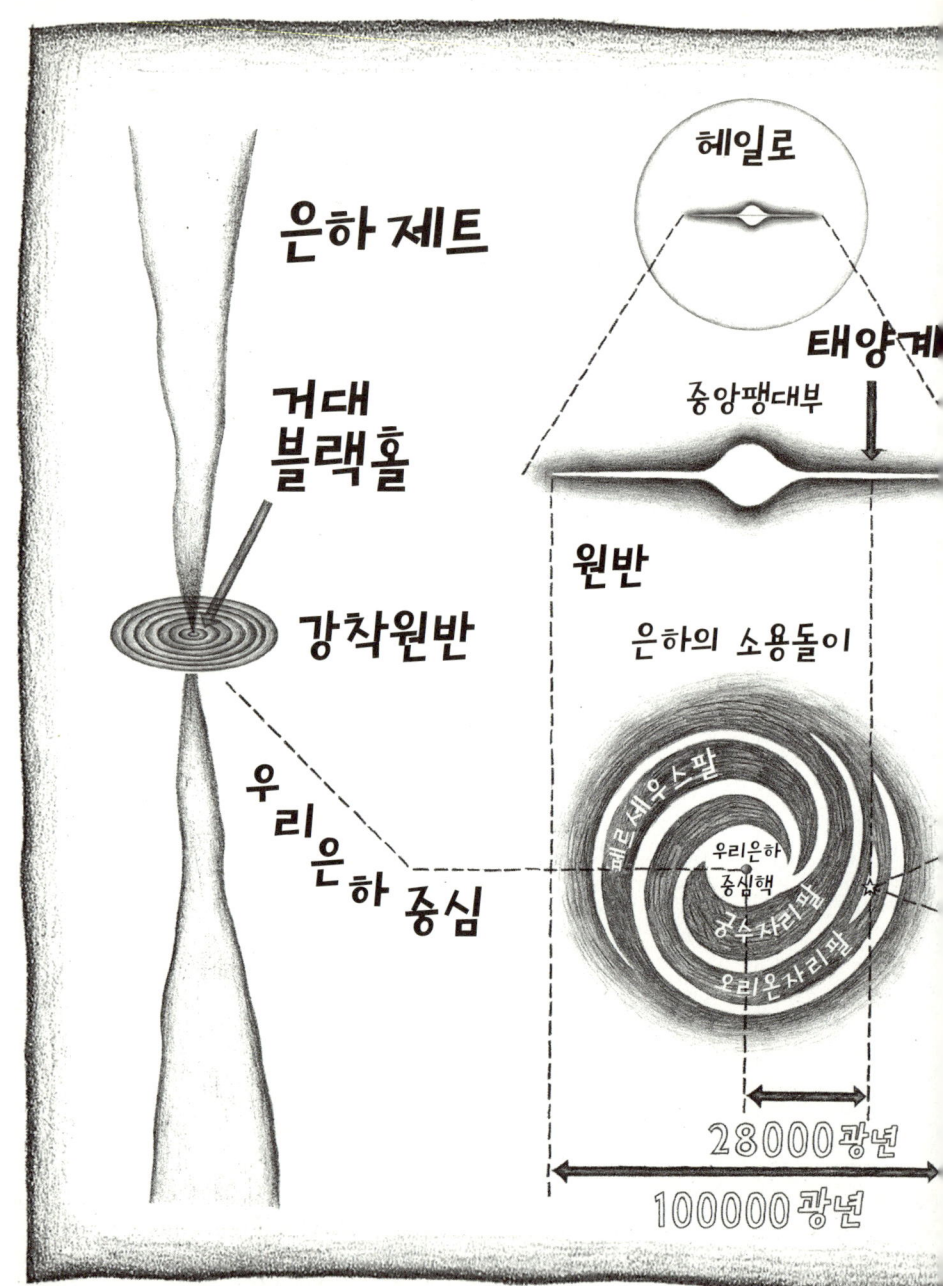

은하 제트

거대
블랙홀

강착원반

우리은하 중심

헤일로

태양계

중앙팽대부

원반

은하의 소용돌이

페르세우스팔

우리은하
중심핵

궁수자리팔

오리온자리팔

28000광년

100000광년

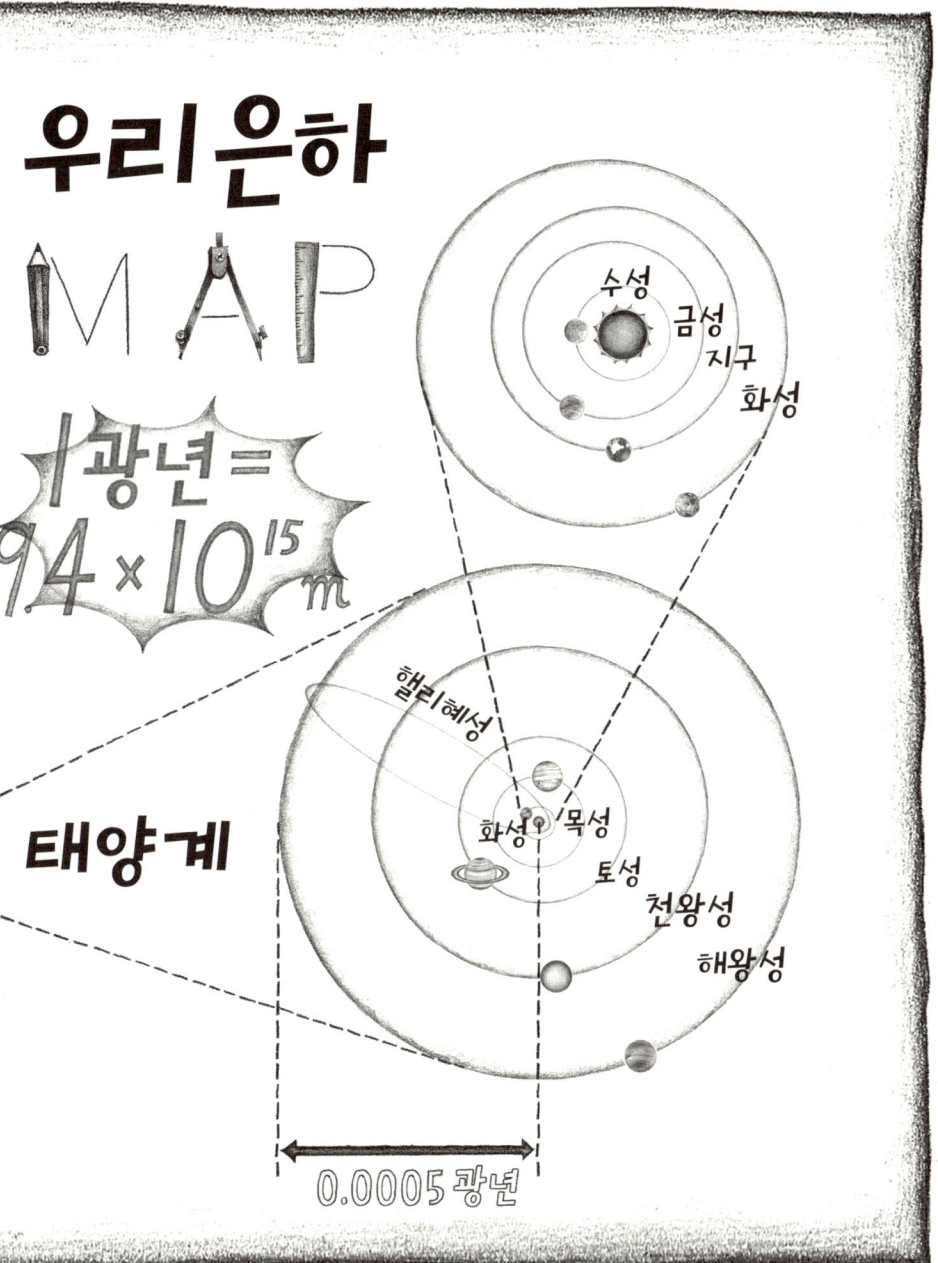

우리은하
MAP

1광년 =
9.4 × 10¹⁵ m

태양계

수성
금성
지구
화성

할리혜성

화성 목성
토성
천왕성
해왕성

0.0005광년

은하 지도로
목적지를 확인

태양풍*8이 느껴지는 태양권 가까이까지 온 것 같습니다.

잠시 후 태양계 종점에 도착합니다. 잊은 물건이 없는지 다시 한 번 확인해 주십시오.

은하 비스가 태양계 종점에 도착했습니다. 여기에서 '우리은하 중심행' 은하 버스로 갈아탑니다. 그 버스를 기다리는 동안 우리은하 지도를 펼쳐 목적지를 확인해 볼까요? 이 지도를 살펴보면 우리은하 전체 모습을 알 수 있습니다.

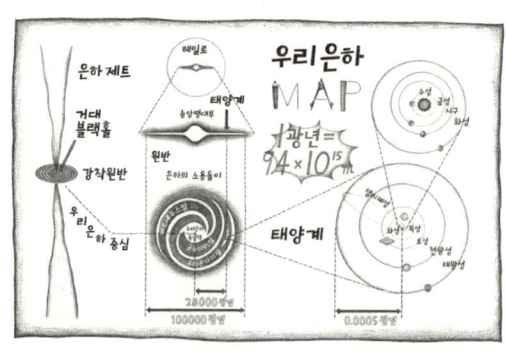

72~73페이지에 확대도가 있음.

우리은하는 소용돌이 모양을 띠고 있습니다. 별이나 성간물질(성간가스, 성간먼지 등)이 짙게 밀집한 곳을 '나선팔'이라고 합니다. 나선팔에는 젊고 밝은 별이 많이 모여 있습니다.

우리은하의 크기는 지름 약 10만 광년입니다. 태양계의 크기는 혜성의 궤도까지 포함해도 약 2광년밖에 되지 않으니, 우리은하는 태양계보다 5만 배나 큰 셈이지요.

지금 우리가 있는 태양계의 위치는 지도에서 ☆로 표시한 곳입니다.

태양계는 우리은하 중심으로부터 2.8만 광년 정도 떨어져 있습니다.

우리은하에는 약 2,000억 개의 항성이 있다고 합니다.

그리고 태양과 비슷한 항성이 곳곳에 분포합니다.

---

*8 태양이 뿜어내는 고온의 플라스마를 태양풍이라고 합니다.

우리는 **우주**의
우물 안 개구리입니다

우리는 지구가 둥글다는 사실도, 지구가 태양 주위를 돈다는 사실도 상식처럼 알고 있지만, 평소 생활할 때에는 모든 것이 지구를 중심으로 돈다는 착각에 빠지게 마련입니다. 정말이지 우물 안 개구리가 아닐 수 없지요.

태양도 별도 행성도 달도 마치 지구 주위를 도는 것처럼 매일 밤 동쪽 하늘에 나타나 서쪽 하늘로 집니다. 그 때문에 밤하늘을 올려다보고 있으면 왠지 내가 우주의 중심에 서 있는 듯한 느낌이 듭니다.

지구는 태양이 거느리는 많은 행성 가운데 하나입니다. 그리고 정작 그 태양도 우리은하가 거느리는 수많은 별 가운데 하나라는 사실까지 드러났습니다.

우주에는 처음부터 '중심' 따위는 없을지도 모릅니다. 자신이 위치한 곳이 막연히 중심으로 보일 뿐이지요. 실제로도 특별한 장소나 방향이라고 할 만한 위치가 없습니다. 현대 천문학은 이런 가정 아래

성립되었습니다. '우주는 어디서나 균일하며, 어느 방향으로든 동일하다.'라는 이 가정은 우주원리(cosmological principle)라고 불립니다.

이는 '우주의 끝'이라고 할 만한 특별한 곳도 없다는 뜻이지요.

둥근 공의 표면을 생각해 볼까요? 지구의 둥근 표면을 떠올려도 괜찮습니다. 그것이 바로 우주 공간과 같습니다. 둥근 공의 표면 위에 태양계, 별, 은하가 존재하는 셈이지요. 지구 표면에 붙어 있는 육지, 나라, 산, 사람 등이 우주 공간의 별이나 은하에 해당합니다.

구면 위의 우주

지구상의 한 나라만 꼭 집어 '이 나라가 지구의 중심이다.'라고 말할 수 없듯이, 구면 위에서는 '중심'이라고 부를 만한 곳이 존재하지 않습니다.

마찬가지로 한 나라만 꼭 집어 '이 나라가 지구의 끝이다.'라고 말할 수 없듯이, 구면 위에서는 '끝'도 존재하지 않습니다.

이런 설명만으로는 왠지 석연치 않은 마음을 떨칠 수 없을 것입니다. 3차원 이상의 존재를 2차원으로 바꿔 놓고 설명하려니 그렇지요. 차원을 낮추면 설명이 간단해지고 이해하기 쉬우므로 물리학에서는 흔히 이런 식으로 사물을 설명하고 이해합니다.

하지만 이런 식의 '이해'는 '어렴풋이 알 것 같다'는 정도의 어설픈 이해입니다. 우리가 높은 차원[9]의 생물이 되지 않고서야 완전히 이해할 수는 없을 테지요.

---

*9 여기에서 말하는 차원의 수는 공간을 이루는 요소의 수입니다. 공간의 확장을 나타내기도 합니다. 차원이 높을수록 그만큼 많은 요소를 지닙니다. 예를 들어 4차원은 '가로', '세로', '높이'라는 세 가지 요소에 '시간'이라는 요소가 더해집니다.

2차원의 박사님

3차원의 박사님

높은 차원의 생물이 된 박사님의 상상도

은하는 얇고
납작한 만두피입니다

우리은하에는 중심이 있습니다. 우리는 지금 그 은하 중심에 있는 거대 블랙홀 '폭군'을 만나러 가는 중이었지요.

곧 '우리은하 중심행' 은하 버스가 도착할 것입니다.

우리은하를 옆에서 보면 얇은 원반 모양입니다. 우리은하 지도에서 확인했듯이 원반의 지름은 약 10만 광년입니다. 볼록한 중심의 두께는 1.5만 광년이지만, 태양계가 있는 곳의 두께는 0.2만 광년밖에 되지 않습니다. 이 두께가 전체 크기에 비해 얼마나 얇은지 빗대어 보자면, 지름 10센티미터에 두께 2밀리미터인 얄따란 만두피 같다고 할 수 있습니다. 우리의 위치는 만두피 중심에서 2.8센티미터 떨어져 있습니다.

사실 우리은하는 만두피와는 달리 중심부가 약간 볼록합니다. 만두피 가운데에 만두소를 올린 모양과 비슷한 셈이지요. 우리은하의 중심 영역에는 별들이 공 모양으로 분포하며, 이를 중앙팽대부(혹은 벌지, bulge)라고 부릅니다. 중앙팽대부에 관해서는 part 6에서 이야기하겠습니다.

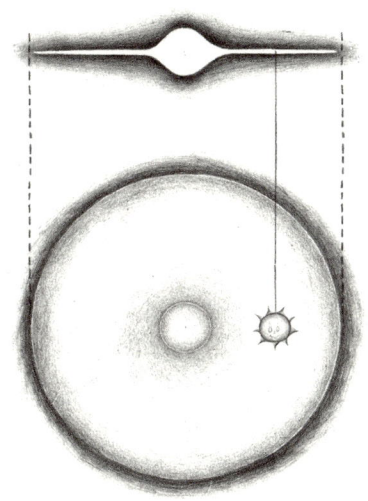

태양계는 우리은하의 중심에서 꽤 멀리 떨어져 있다.

우리은하를 구성하는 별들은 납작하게 분포합니다. 이 납작한 구조 때문에 은하의 원반 속에 있는 우리가 하늘을 올려다볼 때, 보는 방향에 따라 하늘의 모양이 달라집니다.

우리은하(만두피)를 옆에서 보면서 생각해 봅시다. 올려다본 하늘이 은하의 중심(만두소)을 향한다면 별들이 밀집한 원반의 단면을 보게 될 것입니다. 이것이 바로 은하수입니다. 은하수는 우리은하 안에 존재하는 수많은 별들의 집단입니다.

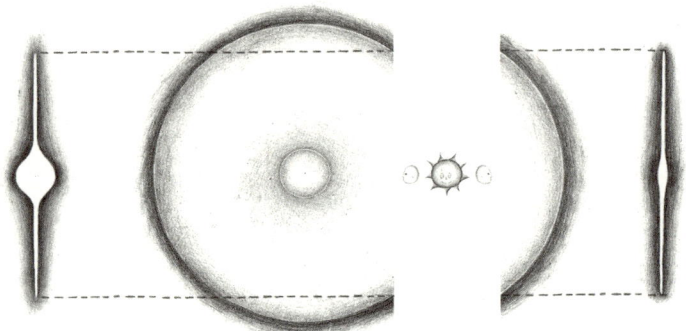

은하를 옆에서 봤을 때

중심 방향을 바라보면 별이 밀집해 있다.　　반대 방향을 바라보면 별이 적다.

이번에는 우리은하(만두피)를 위에서 보면서 생각해 봅시다. 만두피의 두께가 매우 얇으므로 반대쪽이 비쳐 보입니다. 즉, 하늘을 올려다본 방향이 은하의 중심에 대해 직각이라면 별이 드문드문한 우주 공간이 눈앞에 펼쳐질 것입니다.

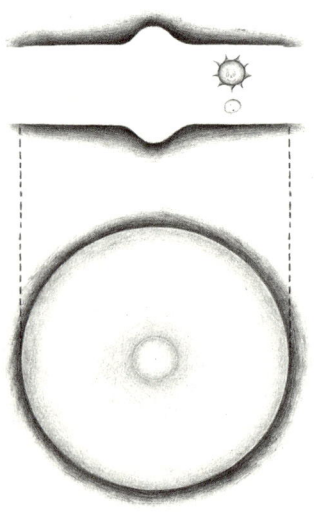

은하를 위에서 봤을 때

은하의 원반은 얇으므로
반대쪽이 비쳐 보인다.

이런저런 이야기를 하다 보니 어느새 '우리은하 중심행' 은하 버스가 도착했습니다. 얼른 올라탑시다.

은하 버스는 움직이자마자 우리은하 원반에 대해 직각 방향으로 틀어, 순식간에 우리은하 원반을 뛰쳐나가는군요.

우리은하의 구조를 이야기하다 보니 우리은하를 약간 벗어난 곳에서 우리은하를 바라보고 싶어졌습니다. 우리은하 바깥에서부터 우리은하 중심에 있는 거대 블랙홀을 향해 나아가 볼까요?

프톨레마이오스의 천동설과 코페르니쿠스의 지동설

지금은 지구가 태양 주위를 돈다는 사실을 아무도 의심하지 않지만, 옛날에는 태양, 달, 별이 지구 주위를 돈다고 믿었습니다.

지구가 우주의 중심이며 다른 천체가 지구 주위를 돈다는 학설을 '천동설'이라고 합니다. 프톨레마이오스가 천동설에 관한 꽤 정확한 수학적 모델을 확립했습니다. 그러나 그 수학적 모델은 너무나 복잡했습니다.

그래서 등장한 학설이 코페르니쿠스의 '지동설'이었습니다. 지동설은 천동설에 비해 놀라울 만큼 간단했습니다. 그러나 수치적인 정확성에서는 프톨레마이오스의 천동설 모델을 이길 수 없었습니다.

그런 이유로 그 당시 코페르니쿠스의 지동설은 받아들여지지 않았습니다.

그러나 그 후 케플러가 '행성 운동은 타원 궤도를 그린다'는 케플러의 법칙을 발견하자, 지동설로도 매우 정확한 행성 궤도를 설명할 수 있게 되었습니다.

그리고 갈릴레이가 망원경으로 관측해서 지동설의 중요한 증거를 얻었습니다. 금성이 달처럼 태양을 중심으로 변화하는 과정을 관찰한 것입니다. 이는 지동설로밖에 설명할 수 없는 현상입니다. 그러나 인간의 머리는 그다지 유연하지 못해서인지, 지동설을 쉽사리 받아들일 수 없었습니다.

하지만 그 이후 과학이 발전하고 고성능 관측 기기가 개발되면서, 코페르니쿠스의 지동설은 시대의 흐름과 함께 세상 속으로 깊숙이 파고들었습니다.

결국에는 뉴턴이 '두 물체는 서로를 잡아당기고, 그 힘의 크기는 질량에 비례하며 두 물체가 떨어져 있는 거리의 제곱에 반비례한다.'라는 만유인력의 법칙을 내세움으로써 행성의 운동에 관해 거의 완전하게 이해하게 되었습니다. 축하, 축하!

은하와 은하가
부딪힐 수도 있습니다

　우리은하의 커다란 구조와 우리은하 주변을 살피기 위해 일단 우리은하를 벗어나 보겠습니다. 우리은하 원반과 수직으로 방향을 틀자 별의 밀도가 점차 작아집니다.

　우리은하의 경계를 막 빠져나가자 더 이상 별이 보이지 않습니다. 작은 천체조차 진혀 만날 수 없습니다.

　가까이에서 이웃 은하가 보입니다. 대마젤란은하와 소마젤란은하입니다. 우리은하 크기의 5분의 1~10분의 1밖에 안 되는 작은 은하들입니다. 두 은하는 장래에 우리은하와 충돌하고 흡수되어서 사라질 운명입니다.

　조금 먼 곳에서는 매우 아름답게 소용돌이치고 있는 은하가 보입니다. 안드로메다은하입니다. 안드로메다은하는 우리은하보다 1.5배 정도 큽니다. 이처럼 우주에는 수많은 은하가 있습니다.

그러나 은하는 우주에 일률적으로 분포하지 않습니다. 사람이 도시에 몰려 살듯이 은하도 한 곳에 집단적으로 모여서 존재합니다. 그런 은하의 집단을 은하단이라고 합니다. 은하단의 단원이 은하인 셈이지요.

혼잡한 길거리에서 다른 사람과 부딪히는 경우가 많듯이, 은하도 은하단 안에서 서로 부딪힙니다. 사람과 사람이 부딪히면 재빨리 떨어지지만, 은하와 은하가 부딪히면 천천히 합체합니다.

안드로메다은하는 과거에 작은 은하와 부딪혀서 그 은하를 삼켜 버렸다고 추정됩니다.

그 때문인지 안드로메다은하의 중심에는 핵이 두 개 있다고 합니다. 어쩌면 거대 블랙홀 '폭군'이 둘일지도 모르겠네요. 만약 그렇다면 은하를 다스리는 군주가 두 명인 셈이겠군요.

은하는 별들이
의외로 듬성듬성합니다

은하가 충돌할 때 혹시 별끼리도 충돌하지 않을까요? 별끼리 부딪히면 산산조각 나서 흩어지거나 서로 튕겨 날아가겠지요?

물론 그런 일이 일어날 수는 있겠지만, 사실 별은 거의 부딪히지 않습니다.

은하가 충돌하는데 별은 충돌하지 않는다니 신기하지요?

은하에는 약 10억~1조 개나 되는 수많은 별이 존재하지만, 별이 분포되어 있는 정도는 빽빽하기는커녕 상상할 수 없을 만큼 듬성듬성합니다.

태양이 포함되어 있고 비교적 별의 밀도가 높은 나선팔 안에서도 별과 별 사이의 거리는 3~4광년이나 됩니다.

별을 사람으로 비유하자면, 태양은 키 160cm의 사람이고 그 사람과 가장 가까이 있는 다른 사람과의 거리는 16만km나 되는 셈입니다. 지구에서 달까지의 거리는 그 절반 정도입니다.

지구와 달 사이에 인구가 달랑 세 명인 셈입니다. 인구밀도가 매우 희박하지요.

이처럼 우주에는 별이 놀라울 정도로 듬성듬성하기 때문에 은하와 은하가 부딪혀서 합체할 때 별끼리 부딪히는 일은 거의 없습니다.

지구와 달 사이에는
사람이 겨우 세 명밖에 없다.

별도 혼자 있으면
외롭습니다

별과 별 사이의 거리는 무척 넓지만, 사실 별은 홀로 떨어져 있기보다 두세 개가 모여 있는 것이 보통입니다.

지구와 달처럼 가까이에서 서로 돌면서 존재하는 경우가 많습니다. 또는 태양 주위를 행성이 도는 것처럼 커다란 별 주위를 작은 별이 돌기도 합니다.

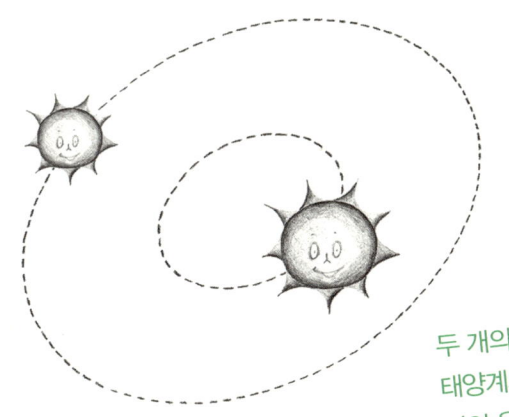

두 개의 별이 서로 돌고 있다.
태양계의 태양은 중심에서
거의 움직이지 않지만, 이 그림 안쪽의
별은 커다란 타원을 그리며 돌고 있다.

블랙홀도 마찬가지입니다. 블랙홀의 주위를 별이 돌기도 합니다.

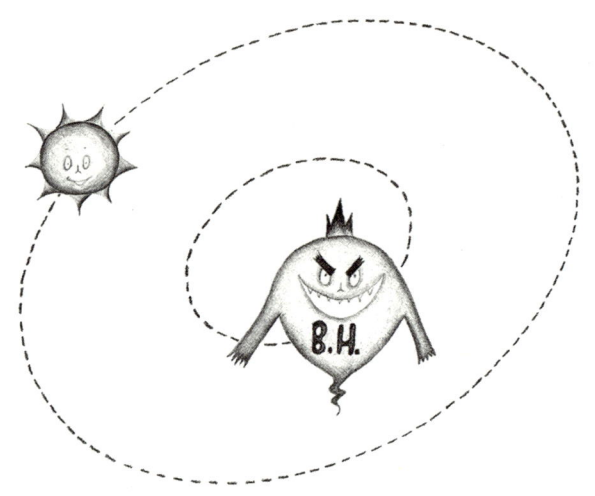

이때 별은 결국에는 블랙홀로 빨려 들어가게 될까요? 하지만 그런 일은 거의 일어나지 않습니다.

물론 그 별이 블랙홀에 매우 가까이 있으면 조금씩 블랙홀에 잡아 먹히고 말 것입니다. 드문 일이지만, 어떤 계기로 인해 블랙홀에 너무 가까이 다가가서 경계선을 넘어 버리면 금세 블랙홀에 잡아먹히기도 합니다.

하지만 별이 블랙홀을 중심으로 중력의 균형을 유지하며 안정된 궤도를 움직이는 한, 블랙홀에 빨려 들어가는 일은 없습니다.

　지구가 태양 주위를 돌지만 최종적으로 태양에 가까워지며 빨려 들어가지 않는 것과 마찬가지입니다.

　이처럼 별들이 서로의 인력에 의해서 공통 무게중심의 주위를 일정한 주기로 공전하는 경우를 '쌍성'이라고 합니다.

　우주에는 태양 같은 외톨이 별은 의외로 적습니다.

태양도 우리은하를 중심으로 돌고 있습니다

우리은하에는 태양과 같은 별이 약 2,000억 개나 있는데, 그 별들은 모두 우리은하를 중심으로 돌고 있습니다.

이는 지구가 태양의 중력에 사로잡혀 그 주위를 도는 것과 마찬가지입니다. 태양계도 우리은하 중심에 있는 '폭군'의 중력에 사로잡혀, 나선팔 위에서 '폭군'의 주위를 돌고 있는 셈입니다.

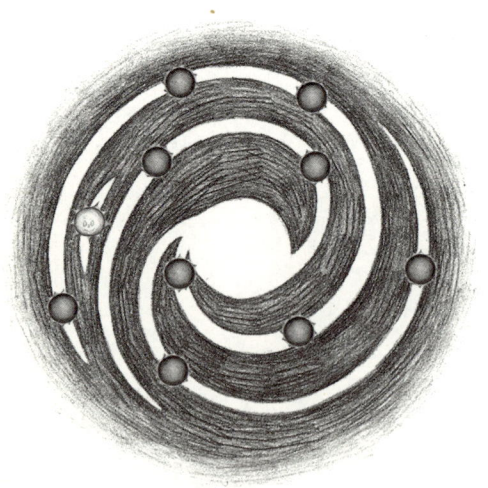

별이나 성간물질(성간가스, 성간먼지 등)이 짙게 밀집한 나선팔 안에 태양과 같은 별이 수없이 많다.
나선팔은 별과 함께 은하를 돈다.

태양과 그 주변의 별들은 초속 22만m(초속 2×10^5m)로 우리은하 원반의 궤도를 움직입니다. 시속이 아니라 초속입니다(시속으로 고치면 시속 약 80만km)!

다시 말해, 우리도 우리은하 중심에 있는 '폭군'의 주위를 이처럼 빠른 속도로 돌고 있는 셈입니다.

암흑물질,
보이지 않아도 분명히 존재합니다

약간 다른 얘기를 해 보겠습니다. 천문학자들이 태양 바깥쪽의 궤도 속도를 조사하다가 흥미로운 사실을 알게 되었습니다.

천문학자들은 은하 곳곳에 존재하는 별과 성간물질이 은하를 도는 속도와, 은하 중심에서 떨어져 있는 거리를 조사했습니다. 그러자 은하 중심에서 바깥쪽으로 갈수록 회전 속도가 커지다가 어느 시점에서 속도가 일정해진다는 사실을 알아냈습니다. 이는 참으로 놀라운 결과였습니다.

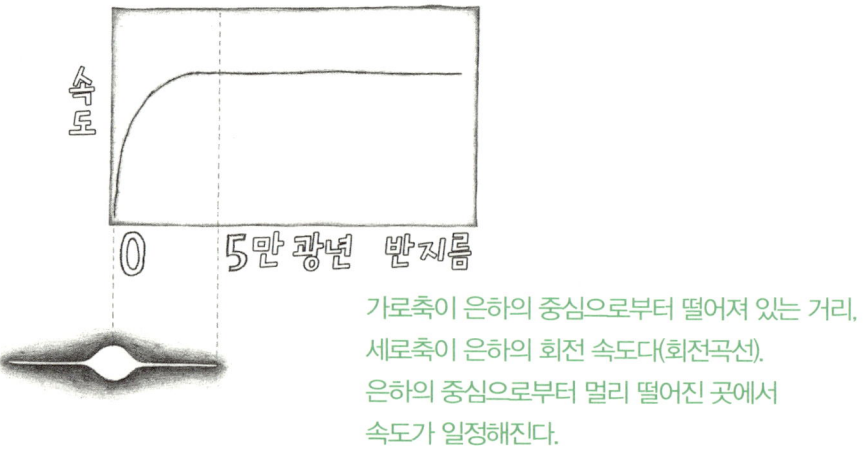

가로축이 은하의 중심으로부터 떨어져 있는 거리,
세로축이 은하의 회전 속도다(회전곡선).
은하의 중심으로부터 멀리 떨어진 곳에서
속도가 일정해진다.

중심으로부터 멀리 떨어진 곳에서 속도가 일정해진다는 것은 그런 작용을 도와주는 어떤 물질이 존재한다는 뜻입니다. 그러나 이 결과는 실제로 보이는 세계와 모순됩니다. 은하의 원반이 보이는 범위는 약 5만 광년 정도이고, 게다가 3만 광년보다 먼 곳에는 밝은 별이나 성간물질이 거의 없기 때문입니다.

조금 이상한 예를 들자면, 도심에서 5km 이내에 사람들이 살고 있는데, 3km 이후에는 사람들이 거의 살지 않는 것과 같습니다. 그런데 다른 관측 결과에 의하면 5km보다 먼 곳에도 투명인간인지 뭔지 모를 존재가 있는 듯합니다.

관측과 계산이 정확한데도, 눈에 보이는 세계와 모순이 일어납니다.

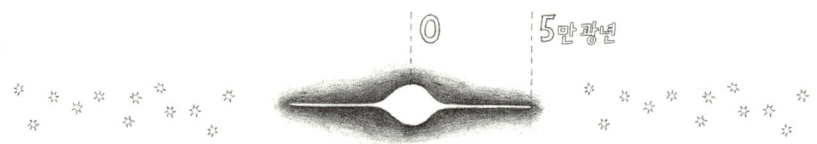

별이 관측되지 않는 은하의 끝에 어떤 수많은 물질이 있는 듯하다.

보이지는 않지만 무언가가 존재한다는 것은 확실한 사실이므로, 이 보이지 않는 물질을 암흑물질(dark matter)이라고 부릅니다.

이 암흑물질은 빛, 전파, X선, 전자파 등으로 관측할 수 없고, 중력에 의한 작용 외에는 다른 물질에 영향을 끼치지 않습니다.

이 우주는 대부분이 보이지 않는 물질로 이루어졌습니다

은하 안에 존재하는 암흑물질은 빛으로 관측할 수 있는 물질의 10 배 정도 많이 존재합니다. 즉, 은하 전체의 물질 가운데 90% 이상이 암흑물질로 이루어졌다는 뜻입니다. 30명의 같은 반 친구 중에 제대로 보이는 사람은 3명뿐이고, 나머지 27명은 보이지 않는 암흑인간인 셈입니다.

도대체 보이지 않는 물질이 뭘까요? 블랙홀일까요?

아쉽지만 블랙홀은 아닙니다.

아무래도 암흑물질은 생물과 별과 블랙홀을 형성하는 보통의 물질(양자와 전자)이 아니라, 지금까지 전혀 알려지지 않은 새로운 물질인 것 같습니다.

같은 반 친구 중 27명은 보이지 않는 암흑인간.

이 암흑물질은 우주 전체에 존재합니다. 그리고 암흑물질이 많은 곳에서 별이 탄생한다고 합니다. 암흑물질은 참으로 수수께끼 같은 존재가 아닐 수 없습니다.

보이지 않는
에너지도 있습니다

그보다 더 알쏭달쏭한 수수께끼도 있습니다. 우주가 가속 팽창한다는 사실로부터 '인력인 중력 에너지'에 대항하는 '척력인 암흑에너지'의 존재도 상정할 수 있습니다('척력'은 '인력'의 반대말입니다).

보통 물질, 암흑물질, 암흑에너지. 등장인물이 모두 나왔습니다.

우주를 인구 100명의 나라로 본다면, 그중 72명이 암흑에너지 민족, 24명이 암흑물질 민족입니다. 그리고 우리와 같은 보통 물질 민족은 겨우 4명으로, 소수민족에 해당합니다. 이 우주는 암흑에너지 제국인 것입니다!

본론에서 벗어나 수수께끼의 암흑물질과 암흑에너지 이야기를 하다 보니, 어느새 은하 버스는 또 방향을 바꿔 이번에는 우리은하 원반과 평행하게 나아가기 시작했습니다. 우리은하 중심의 거대 블랙홀을 향하는 것 같습니다.

우주의 에너지 성분.
72%가 암흑에너지, 24%가 암흑물질,
우리와 같은 보통 물질은
우주 전체의 겨우 4%.

　　뒤를 돌아보니 우리가 살고 있는 우리은하가 아름답게 보입니다.
하지만 우리는 우주 전체의 겨우 4%밖에 보지 못하는 셈이지요.

　　우리의 목적지인 우리은하 중심 부근도 아스라이 보이기 시작합니
다.

암흑물질은 정말 존재하는가?

앞에서, 은하의 여러 가지 별과 성간 물질의 회전 속도를 조사하던 중 은하에 암흑물질이 존재한다는 사실을 발견했다고 설명했습니다.

그 외에도 암흑물질의 존재에 관한 여러 가지 관측이 있었습니다.

예를 들어 타원형 은하는 거의 회전하지 않는데, 그곳에서 내뿜는 X선을 관측하면 역시 실제로 보이는 별의 10배 정도에 해당하는 암흑물질이 존재한다는 사실을 알 수 있습니다.

또한, 조금 더 큰 범위에서 암흑물질의 존재를 알아보기 위해 수많은 은하가 모인 은하단도 조사했습니다. 관측결과, 부정확한 점이 일부 있지만 역시 눈에 보이는 물질의 10~30배 정도 되는 암흑물질이 존재한다는 결론을 얻었습니다.

그리고 암흑물질이 은하뿐 아니라 우주 전체에 존재하는지도 연구했습니다. 이는 우주배경복사*10를 우주의 여러 방향에서 관측하고, 그 '진동'을 조사함으로써 알 수 있었습니다. 이 연구에서는 보이는 물질의 30배 정도의 암흑물질이 존재한다는 사실을 알아냈습니다.

이처럼 여러 개의 서로 다른 시점에서 관측해서 동일한 결과를 얻었습니다. 따라서 그 결과가 관측 방법에 의존하는 것이 아니라, 충분히 논의할 만한 가치가 있다는 것이 확실해졌습니다. 암흑물질은 아무래도 실제 존재하는 듯합니다.

---

*10 우주의 시초라고 하는 빅뱅이 일어나고 나서 30만 년 후에, 우주 전체의 온도는 3,000도까지 식었습니다. 그리고 그 이전까지 흩어져 있던 전자와 원자핵이 결합해서 원자를 만들었습니다. 그 때문에 이전에는 전자의 방해로 자유롭게 움직일 수 없었던 빛이 똑바로 나아가기 시작했습니다. 그때 나온 빛이 현재 우주 곳곳에서 다가오고 있는데, 우리는 그 빛을 270도에서 복사하는 전자파로서 관측할 수 있습니다.

고대 인도인이 생각한 우주는 의외로 정확하다?

우주가 어떻게 생겼는지는 예전부터 많은 사람이 궁금해했습니다. 이런 우주에 관한 생각을 '우주관'이라고 합니다. 우주관은 시대에 따라 크게 변화했습니다. 프톨레마이오스의 '천동설'이 코페르니쿠스의 '지동설'로 대치된 것도 우주관의 커다란 변화라고 할 수 있습니다.

그런데 고대의 우주관이 현대에 와서 얼마나 바뀌었을까요? 고대 인도인은 다음과 같은 재미있는 우주를 상상했습니다. 코끼리들이 대지를 떠받들고, 그 코끼리들을 커다란 거북이 태우고 있습니다. 그 거북은

뱀 위에 놓여 있고, 뱀은 모든 세상을 감싸며 자신의 꼬리를 물고 있습니다. 현대인이 보기에는 매우 특이하면서 황당한 상상일 뿐입니다.

그러나 도쿄대학교 대학원 이학계연구과의 스토 야스시 교수는 저서 ≪물체의 크기≫에서 다음과 같은 흥미로운 이야기를 들려줍니다. 지금까지 눈부신 과학의 발전으로, 우주의 70~80%가 암흑에너지이고 20%가 암흑물질이며 우리가 눈으로 볼 수 있는 보통 물질이 겨우 10%에 지나지 않는다는 사실을 알았지만, 지금으로서는 암흑에너지와 암흑물질의 정체를 특정할 수 없습니다.

이때 '뱀'='암흑에너지', '거북'='암흑물질', '코끼리'='보통 물질'로 대응시키면 그 우주관의 본질은 예전이나 지금이나 다르지 않다는 이야기입니다.

확실히 그렇군요.

'암흑'의 정체를 알아낼 수 있다면 대단한 일이 되겠지요. 앞으로의 연구를 기대해 봅니다.

PART 6

우리은하 중심 부근에 도착

백색 블랙홀과의 만남

'우리은하 중심행' 은하 버스는 중심을 향해 은하 바깥쪽을 달리고 있습니다.

은하에는 '헤일로(halo)'라는 영역이 펼쳐져 있습니다. 헤일로에는 수백~수만 개의 별이 모인 구상성단이 분포합니다. 그리고 방금 설명한 암흑물질로 채워져 있습니다.

은하의 중심 부근에는 지름 약 1.5만 광년의 타원형 별이 분포하는 영역이 있습니다. 이를 중앙팽대부라고 합니다. 정거장 18(80페이지)에서 잠깐 설명했듯이, 만두피 가운데에 만두소를 올린 모양과 비슷합니다.

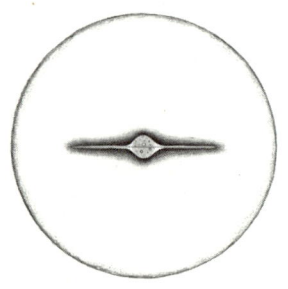

은하 주위에는 '헤일로'라는 영역이 있다.
헤일로는 구상성단이나 암흑물질로 채워져 있다.
또한 은하의 중심에는 '중앙팽대부'라는
툭 튀어나온 곳이 있다.
중앙팽대부에는 수많은 늙은 별들이 존재한다.

이 중앙팽대부에는 은하가 막 형성되었을 무렵에 탄생한 별이 수없이 분포합니다. 지금은 이미 꽤 늙은 별들이 되고 말았지만요.

그 속에서 뭔가 흥미로운 것을 발견했습니다. 바로 별과 블랙홀의 쌍성입니다. 별과 블랙홀이 아주 가까이 있기 때문에 블랙홀은 별에서 뿜어져 나와 거대하게 피어오르는 가스를 빨아들일 수 있습니다.

이것이 일반적인 백성 블랙홀과의 만남입니다.

블랙홀 자체는 무척 작고 검기 때문에 확인하기 어렵지만, 가스가 블랙홀을 중심으로 원반을 만들고 소용돌이치며 블랙홀에 빨려 들어가는 모습은 쉽게 확인할 수 있습니다.

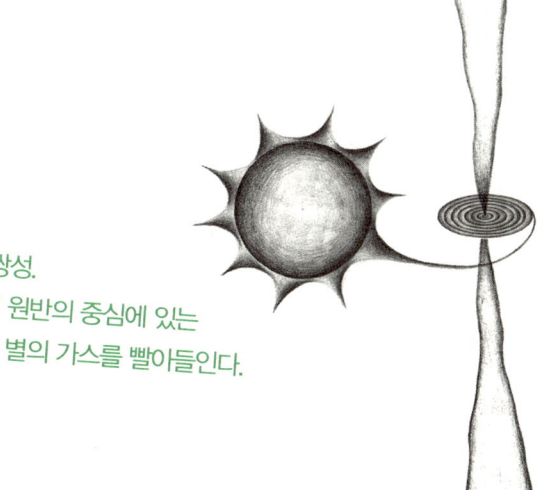

별과 블랙홀의 쌍성.
오른쪽 소용돌이 원반의 중심에 있는
블랙홀이 가까운 별의 가스를 빨아들인다.

백성 블랙홀을 '일반적'이라고 부르는 까닭은 앞으로 도착하게 될 은하 중심의 거대 블랙홀과 구별하기 위해서입니다.

백성 블랙홀도 태양과 같은 별에 비하면 매우 신기한 존재입니다. 좀처럼 보기 드문 장면이라 할 수 있겠죠.

블랙홀이 되기 위한 시험
-블랙홀 선발 대회

그럼 지금부터 어떤 천체가 백성 블랙홀이 될 수 있는지 이야기해 보겠습니다.

'블랙홀 선발 대회'는 단 한 번의 심사로 이루어집니다.

그 단 한 번의 심사 조건이 발표되었습니다.

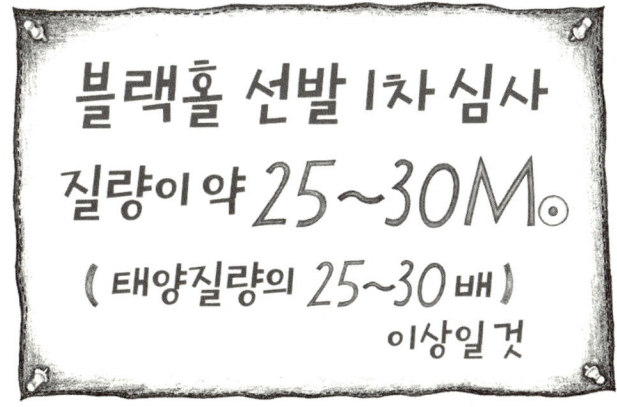

태양계 대표: 참가 번호 1번 태양
(← 유소년 시절에 항성 선발 대회에 참가해 당당히 합격해서
훌륭한 항성으로 찬란하게 빛나고 있음[정거장 15 참조].)

태양은 항성 선발 대회에서는 합격했지만, 아쉽게도 블랙홀 선발 대회에서는 탈락입니다. 패인은 바로 몸무게가 모자란 데 있습니다.

백성 블랙홀이 되려면 최소한 태양질량의 25배 정도는 되어야 합니다. 행성인 지구는 아무리 노력해도 넘을 수 없는 벽입니다. 태양도 역시 블랙홀 선발 대회에서 싱겁게 탈락했습니다.

용골자리 대표: 참가 번호 2번 에타카리나
(← 지구에서 7,500광년 떨어진 별.
태양질량의 100배를 가볍게 넘는다.)

에타카리나는 흠잡을 데 없이 합격입니다.

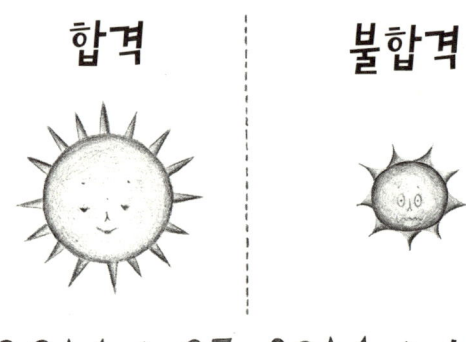

합격   불합격

$$100M_\odot > 25\sim30M_\odot > 1M_\odot$$

이 블랙홀 선발 대회의 합격 여부는 '대체로' 타고난 크기로 결정됩니다.

'대체로'라는 말을 덧붙인 이유는 1차 심사 후에 패자부활전이 있기 때문입니다. 질량이 태양질량의 25배에 조금 못 미치는 별이 근처에 있는 다른 별에서 가스를 빨아들여 블랙홀이 되기 위한 충분한 질량을 확보하면, 블랙홀이 될 수 있습니다. 우주에는 두세 개의 별이 서로의 주위를 도는 '쌍성'이 수없이 존재합니다(정거장 21, 91페이지). 기준에 조금 못 미치는 경우라면 남의 힘을 빌릴 수 있는 셈이군요.

항성에서
백성 블랙홀로 변신

참가 번호 2번 에타카리나가 어떻게 백성 블랙홀로 진화해 가는지 살펴보겠습니다.

항성은 빛을 영원히 내지 않습니다. 수명이 있기 때문입니다.

또한, 똑같은 모습으로 평생을 보내지도 않습니다. 별도 노화하기 때문입니다. 태양의 수명은 100억 년 정도입니다. 그리고 현재 나이는 약 46억 세이므로 지금의 태양은 한창 왕성하게 활동할 때입니다. 흔히 별의 일생을 '굵고 짧으며, 길고 가늘다.'라고 이야기합니다. 가벼운 별일수록 장수하고, 무거운 별일수록 요절한다는 뜻입니다.

블랙홀은 비교적 무거운 항성이 일생의 마지막을 맞이한 모습입니다.

정거장 15에서 태양에 관해 설명할 때 잠깐 말했듯이, 항성은 중심 핵에서 핵융합반응이 일어나고 그 에너지가 열로 방출되어 찬란하게 빛나는 것처럼 보입니다.

블랙홀 선발 대회에서 살아남은 참가 번호 2번 에타카리나도 초창기에는 태양처럼 핵융합반응을 일으켜서 번쩍번쩍 빛났습니다. 그러나 어느 순간 핵융합반응을 하기 위한 물질을 전부 소비해 버립니다.

그러면 그 중심이 자신의 체중(중력)으로 인해 점점 수축되어 작아져서 고밀도의 핵이 생기고, 차갑고 두꺼운 수소 가스가 그 핵을 풍성하게 감싸는 2층 구조의 천체로 변화합니다.

바깥쪽의 풍성한 수소 가스는 점점 붉게 퍼져 부풀어 오릅니다. 이런 상태의 에타카리나는 적색거성(red giant star)이라고 불립니다. 말 그대로 '붉은 거인'이지요.

붉은 거인의 시절은 그다지 오래가지 않습니다.

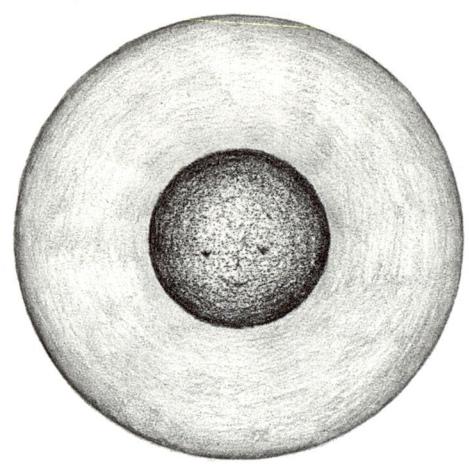

바깥쪽의 수소 가스는
점점 부풀어 오른다.

에타카리나의 중심핵은 점점 수축되다가 '더 이상 참을 수 없어!'
하며 폭발합니다.

그 폭발의 위력은 대단하지요. 엄청난 에너지를 내뿜으면서 주변
에 있는 모든 것을 날려 버립니다.

당연히 붉은 수소 가스도 단숨에 날아가 버립니다. 폭발 순간을 멀
리서 관찰한다면 '번쩍!' 하는 불빛을 볼 수 있겠지만, 우주가 거의 진
공 상태이기 때문에 '쾅!' 하는 폭발음은 들리지 않습니다. 그러므로
귀를 막을 필요는 없습니다.

이 폭발을 그럴싸하게 말하면 '초신성폭발'이라고 합니다.[11]

---

[11] 사실 에타카리나는 작은 규모의 폭발을 이미 여러 번 일으켰습니다. 그러나 이것은 초신성폭발을
일으키기 전의 소규모 폭발에 불과합니다. 질량이 매우 큰 항성이므로 이렇게 여러 번 폭발하는 것입니
다. 이전까지의 소규모 폭발로 부풀어 오른 가스의 중심에는 아직 항성이 번듯하게 남아 있습니다.

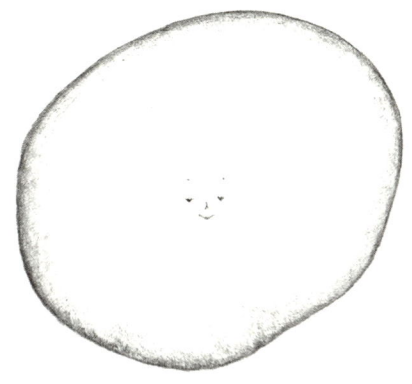

무거운 항성은 일생의 마지막에
초신성폭발을 일으킨다.
중심핵만 남기고 모든 것을 폭발시켜
우주 공간에 흩뿌린다.
흩어진 물질은 다음에 탄생할
새로운 별의 재료가 된다.

초신성폭발로 주변의 모든 것이 날아가면 그곳에는 블랙홀로 변신한 에타카리나가 남습니다.

변신!!

이렇게 블랙홀이 되면 이제 원래 상태로 돌아갈 수 없고 더 이상 변화하지도 않습니다. 이것이 25M⊙ 이상의 질량을 지닌 항성의 마지막 모습입니다.

우주에서 가장 빠른
'빛'도 빠져나올 수 없습니다

블랙홀로부터 일정한 거리 이내로 들어오는 모든 물질은 블랙홀의 강력한 중력에 사로잡혀 두 번 다시 빠져나올 수 없습니다. 아무리 발이 빨라도 탈출할 수 없는 것입니다.

세상에서 가장 빠른 게 뭔지 아십니까? 지구에서 가장 빠른 동물인 치타는 시속 110km(초속 30m)입니다. 그러면 우주에서 가장 빠른 것은 뭘까요? 그것은 머나먼 사바나에 사는 치타보다 우리에게 더 친숙한 존재입니다.

태양이 우리은하 중심을 도는 속도는 초속 22만m(초속 $2×10^5$m)라고 정거장 22에서 설명했습니다. 하지만 그 속도도 우주에서 가장 빠른 속도의 0.07%밖에 안 됩니다.

우주에서 가장 빠른 존재는 항상 초속 30만km(초속 $3×10^8$m)로 달립니다. 더 느려지거나 더 빨라지지도 않고 언제나 초속 $3×10^8$m를 유지합니다. 그리고 우리는 그 존재를 매일 볼 수 있습니다.

그 존재는 바로 '빛'입니다.

우주에는 빛보다 빠른 것이 없습니다. 그러나 앞에서 설명했듯이 우주에서 가장 빠른 빛도 블랙홀에서 빠져나올 수 없습니다.

우리가 '물체를 본다'는 것은 물체에 반사된 빛을 망막세포가 받아들여 신호로 바꾸고, 그 신호를 뇌로 전달한 후 뇌에서 물체의 색과 형태를 인식한다는 뜻입니다.

어두운 곳에서 물체가 또렷이 보이지 않는 이유는 반사되어 눈에 들어오는 빛이 적기 때문입니다. 또렷이 보이지 않는다고 해서 그곳에 물체가 희미한 반투명 상태로 존재하는 것도 아니고, 전혀 보이지 않는다고 해서 그곳에 아무것도 없는 것도 아닙니다. 분명히 존재하지만 빛이 없어서 보이지 않을 뿐입니다.

블랙홀에서는 빛이 빠져나올 수 없기 때문에 우리는 블랙홀 자체를 직접 관측할 수 없습니다.

'깜깜'한 데다 '빨아들이기만 할 뿐 아무것도 내놓지 않는 구멍' 같은 이미지 때문에 '블랙홀'이라는 이름이 붙었습니다. '블랙홀'이라는 이름을 붙인 사람은 미국의 물리학자 존 휠러(John Wheeler)입니다. 한편, 중국에서는 블랙홀을 '헤이둥(黑洞)'이라고 씁니다.

'우리은하 중심행' 은하 버스가 우리은하 중심을 향해 달립니다.

곧 우리은하 중심에 도착합니다. 중심 블랙홀까지 가시는 분은 여기서 갈아타시기 바랍니다.

블랙홀을 관측할 수 있을까?

블랙홀에서는 빛이 나오지 않기 때문에 직접 관측할 수 없습니다. 그러나 간접적으로는 관측할 수 있습니다.

예를 들어, 어떤 천체의 운동을 관측할 때 그 천체의 중심 부분 질량이 비정상적으로 크다는 사실을 알게 되면, 그 질량이 미치는 범위를 고려해서 블랙홀이라고 판단할 수 있습니다. 또한, 블랙홀에 빨려 들어가는 가스가 형성하는 원반에서 강한 X선이 방출되는 모습을 블랙홀의 근거로 삼을 수도 있습니다.

가장 좋은 간접적 관측 방법으로서, 빛나는 강착원반을 등지고 블랙홀의 검은 그림자를 촬영하는 망원경도 개발되었습니다. 예를 들어 'VSOP-2'라는 일본의 천체관측 프로젝트가 있습니다. 망원경을 탑재한 인공위성을 우주로 쏘아 올린 후 지상 망원경과 연동시켜 관측함으로써 매우 자세한 천체사진을 촬영할 수 있는 대형 프로젝트입니다. 이 프로젝트로 블랙홀의 그림자를 볼 수 있을까요? 꼭 그렇게 되기를 바랍니다.

☆ PART 7
강착원반역에서 중도 하차

은하 중심에서 분사되는
제트 두 개

종점 '우리은하 중심'에서 내리자마자 곧바로 '중심 블랙홀행' 은하 버스가 도착했습니다.

과연 블랙홀행 버스답게 지금까지 타고 온 은하 버스와 달리 훨씬 튼튼하게 만들어졌습니다. 이 버스로 갈아타겠습니다. 승객은 여러분을 포함해 몇 명밖에 없습니다.

이 버스에는 '블랙홀행 편도 티켓'을 가진 사람만 탈 수 있습니다. 드디어 기다리고 기다리던 우리은하 중심의 거대 블랙홀 '폭군'을 만

나러 갑니다.

버스가 출발했습니다. 이제 우리은하 중심의 거대 블랙홀에 거의 가까이 왔습니다.

우리은하 중심으로 눈을 돌리니 놀라운 구조가 보입니다.

가장 먼저 거대 블랙홀을 둘러싼 소용돌이 모양의 원반이 보입니다.

그리고 두 개의 제트가 그 원반과 수직으로 분사되는 모습이 보입니다.

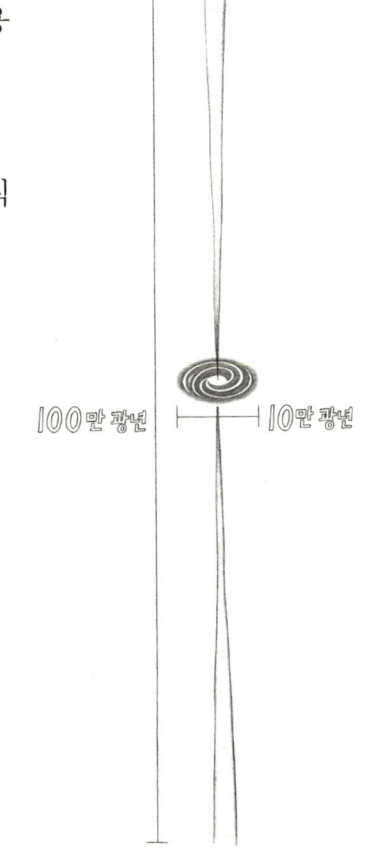

거대 블랙홀의 주위를
빙글빙글……

아무리 봐도 가스가 중심의 블랙홀로 소용돌이를 그리며 빨려 들어갔다가, 제트가 되어 위아래로 빠져나가는 것처럼 보입니다.

응? 블랙홀에서는 아무것도 빠져나가지 못할 텐데? 하지만 분명히 중심에서 빠져나가는 듯이 보입니다. 어떻게 된 걸까? 좀 더 자세히 살펴보겠습니다.

일단 블랙홀에 빨려 들어가는 소용돌이의 정체는 뭘까요? 소용돌이는 앞에서도 나왔습니다. 수많은 별이 우리은하를 중심으로 돌면서 소용돌이를 그리는 것입니다(정거장 22). 그것은 은하를 형성하는 아름다운 소용돌이입니다.

그 소용돌이도 우리은하 중심의 블랙홀을 축으로 삼아 도는 것이었습니다. 지금 블랙홀 중심에서 보이는 모습은 블랙홀과 매우 가까우면서 조금 더 작은 구조의 소용돌이입니다. 그 소용돌이의 지름은

1광년 정도밖에 되지 않습니다. 은하의 지름이 10만 광년이라는 점을 생각하면, 전체의 10만분의 1밖에 되지 않는 중심 근처의 매우 작은 영역이라는 사실을 알 수 있습니다.

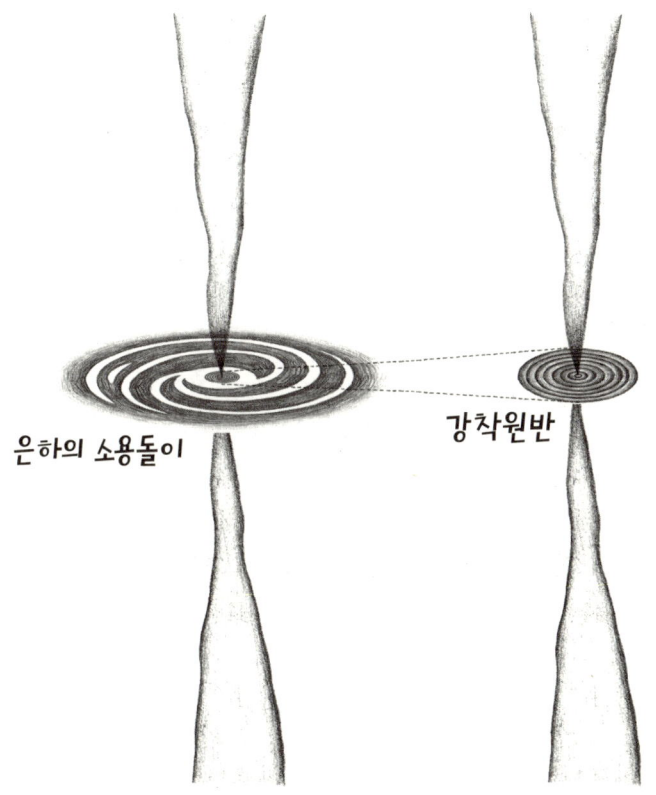

은하의 소용돌이　　　　　　　강착원반

이 소용돌이의 안쪽은 블랙홀의 나락으로 직접 연결됩니다. 이 소용돌이 원반은 전문용어로 '강착원반'이라고 합니다. 물질이 블랙홀에 '강착'하는 '원반'이라는 뜻입니다.

아마 '강착이란 게 뭔데?' 하고 묻고 싶으실 것입니다. 저도 '강착'이라는 단어가 '강착원반'이라는 용어 외에 다른 곳에 쓰이는 것을 보지 못했습니다. 그저 '내려서 쌓인다'는 의미로 받아들이시면 좋을 듯합니다. 왠지 그럴싸하게 들리는 전문용어이기 때문에 앞으로도 이 용어를 계속 사용하겠습니다.

우리은하 중심의 거대 블랙홀 주위에 있는
강착원반에서는 물질이 원을 그리며
중심으로 빨려 들어간다.

두 개의 제트는 아무래도 이 강착원반과 깊은 관련이 있는 것 같습니다.

마찰이 일어나
뜨거워집니다

블랙홀 주위의 강착원반을 도는 물질은 전자가 원자에서 떨어진 플라스마 상태입니다.

플라스마에 관해서는 정거장 8에서 열권을 설명하면서 이야기해 드렸습니다. 여기에서 다시 간단히 살펴보면, 플라스마란 일부 전자가 원자핵 주위를 돌다가 떨어져 나와 독립한 상태를 말합니다. 사실, 우주 공간의 물질은 대부분 플라스마 상태로 존재합니다.

그리고 블랙홀 주위의 강착원반은 매우 높은 온도인 데다 밀도도 희박하기 때문에, 보통의 플라스마와 달리 거의 모든 전자가 원자에서 떨어져 나온 상태입니다. 그렇게 따로따로 떨어진 전자와 양자(원자핵을 구성하는 것)가 블랙홀 주위를 빙글빙글 돌며 빨려 들어갑니다.

회전운동에도 여러 가지가 있습니다. 운동회 종목 중에 태풍릴레이[*12]란 게 있는데, 이 경기에서는 안쪽 사람보다 바깥쪽 사람의 달리기 속도가 빠릅니다.

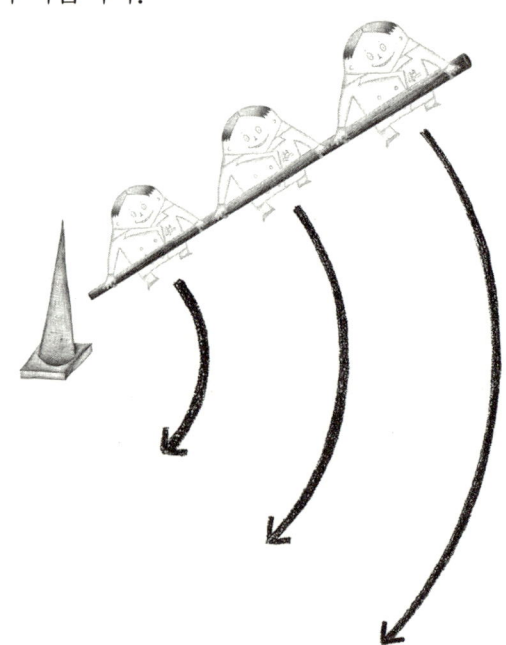

하지만 강착원반은 다릅니다. 안쪽 플라스마가 바깥쪽 플라스마보다 빠른 속도로 돕니다. 이는 욕조 마개를 뺐을 때 물이 소용돌이를 그리며 구멍으로 빨려 들어가는 회전운동과 같습니다.

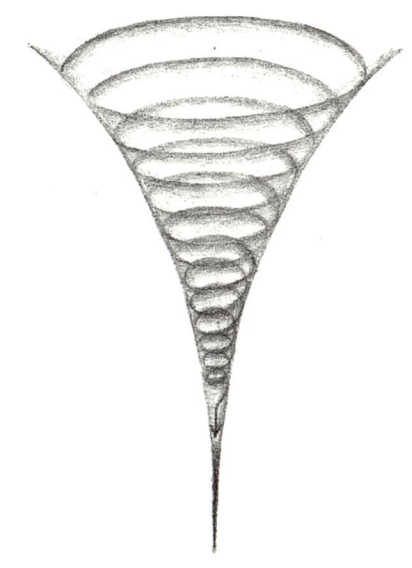

도는 각도를 중점에 두고 설명하면, 태풍릴레이의 경우 '안쪽 사람이 1초 동안 도는 각도'는 '바깥쪽 사람이 1초 동안 도는 각도'와 같습니다.

---

*12 태풍릴레이란 기다란 봉을 여러 사람이 잡고, 반환점을 돌아 골인 지점까지 달리는 경기입니다. 반환점을 돌 때, 안쪽을 도는 사람은 편하지만 바깥쪽을 도는 사람은 힘들다는 불공평한 점이 있습니다

반면, 욕조 마개를 뺐을 때의 경우 '안쪽 물의 흐름이 1초 동안 도는 각도'가 '바깥쪽 물의 흐름이 1초 동안 도는 각도'보다 큽니다.

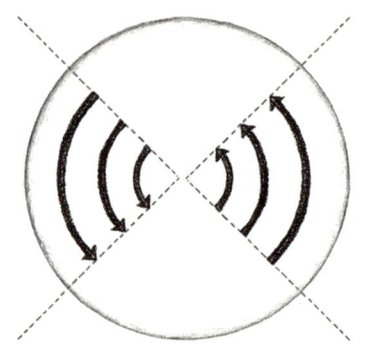

태풍릴레이의 회전 각도.
'안쪽을 도는 각도'='바깥쪽을 도는 각도'

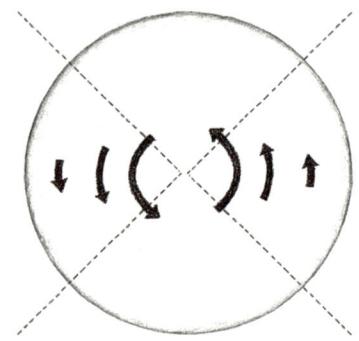

욕조 마개를 뺐을 때 소용돌이의 회전 각도.
제트의 회전운동과 같다.
'안쪽을 도는 각도' 〉 '바깥쪽을 도는 각도'

이처럼 안쪽과 바깥쪽을 도는 각도가 다른 경우, 안쪽 가스와 바깥쪽 가스 사이에서 마찰이 일어납니다. 손바닥을 비비면 열이 발생해서 따뜻해지는 것과 마찬가지지요. 다시 말해, 안쪽과 바깥쪽 사이에서 마찰열이 발생하는 것입니다. 이는 열에너지입니다. 플라스마는 지니고 있던 중력에너지의 일부를 열에너지로 방출하는 셈입니다.

또한, 일부의 중력에너지는 운동에너지로 바뀝니다. 운동에너지는 속도를 높이고 안쪽 소용돌이를 회전시킵니다.

이로써 강착원반의 플라스마는 중심으로 갈수록 뜨겁고 속도가 빠른 구조가 됩니다.

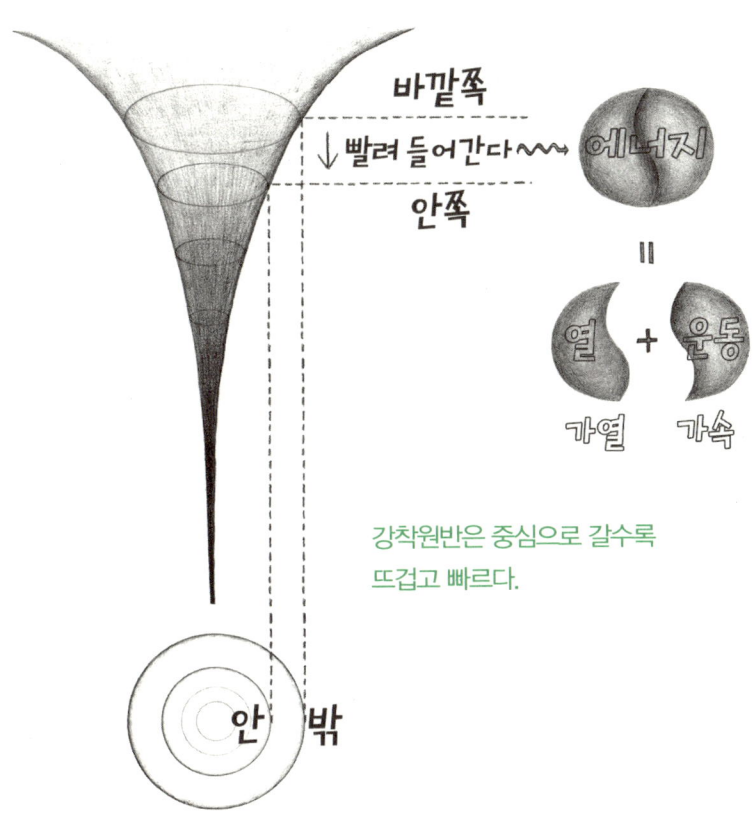

바깥쪽

↓ 빨려 들어간다〰〰 에너지

안쪽

=

열 + 운동

가열   가속

강착원반은 중심으로 갈수록
뜨겁고 빠르다.

안 밖

제트의 에너지원은 중력에너지라고 추측되는데, 아직은 속 시원히 밝혀진 바가 없습니다.

하지만 제트가 중심의 거대 블랙홀 '폭군'에서 직접 나오는 것이 아니라, 블랙홀에 빨려 들어가 쌓인 물질로부터 에너지가 일부 방출되는 것이라는 사실만큼은 확실해 보입니다.

제트는 매우 흥미로운 특징을 지녔다고 할 수 있겠네요.

은하 제트 박물관으로 가실 분은
여기서 내려 주십시오

은하 제트 박물관으로 가실 분은 여기서 내려 주십시오. 우리도 잠깐 내려서 '은하 제트 박물관'을 둘러보겠습니다.

이곳은 '은하 제트 박물관'입니다. '중심 블랙홀행' 은하 버스에 승차하신 승객이라면 반드시 방문하는 유명한 관광지입니다. 삿포로의 시계탑이나 페루의 마추픽추 같은 곳이라고 할 수 있지요. 박물관 입구에 들어서니 '은하 제트의 수수께끼'라는 표지판이 세 개 걸려 있습니다.

> 은하 제트는 매우 빠르다.

> 은하 제트는 매우 가늘고 길다.

> 은하 제트는 수명이 길다.

(1) 은하 제트는 매우 빠르다

은하 제트의 속도는 우주에서 가장 빠르다는 빛의 속도의 90% 이상입니다. 빛의 속도가 우주에서 단연 선두라는 점을 생각해 본다면, 은하 제트의 속도도 무시무시하게 빠르다고 할 수 있겠네요. 태양이 은하 중심을 도는 속도인 초속 22만m가 우주에서 가장 빠른 속도의 0.07%(=220/300000)밖에 안 된다는 점을 생각한다면 더욱 그렇습니다.

(2) 은하 제트는 매우 가늘고 길다

우주에서 은하 제트만큼 가늘게 압축된 것도 드뭅니다. 은하 제트는 불과 1광년 정도의 블랙홀 영역을 중심으로 해서 100만 광년이나 가늘고 길게 뻗어 있습니다. 예를 들어 힘차게 뻗어 나가는 호스 물을 떠올려 본다면 은하 제트의 위력이 얼마나 대단한지 쉽게 알 수 있습니다.

지름 1cm의 호스 구멍을 꽉 잡았다가, 하늘을 향해 힘차게 물을 내뿜어 보겠습니다. 호스 물의 위력이 은하 제트의 위력과 같다면, 호스 물은 지름 1cm의 굵기로 하늘 높이 솟구쳐 올라 비행기까지 닿을 것입니다. 거리로 따지면 약 10km입니다. 사람의 힘으로 호스 물을 그토록 길고 가늘게 내뿜을 수 있을까요!

(3) 은하 제트는 수명이 길다

은하 제트는 초신성폭발(정거장 28)처럼 단발적인 것이 아니라, 지속적입니다. 때로는 제트가 나오다가 끊어지거나 하면서 제트의 양이 변화하기도 하지만, 대체로 장기간에 걸쳐 지속적으로 나옵니다. 만일 제트의 에너지원이 강착원반이라면, 강착원반으로부터 물질을 끊임없이 공급받을 수 있습니다.

빙글빙글, 꾸불꾸불, 여러 가지 제트

'은하 제트 박물관' 안에는 기묘한 제트의 사진들이 전시되어 있습니다. 흥미를 끄는 대표적인 제트를 몇 가지 살펴보겠습니다.

• 꾸불꾸불 제트

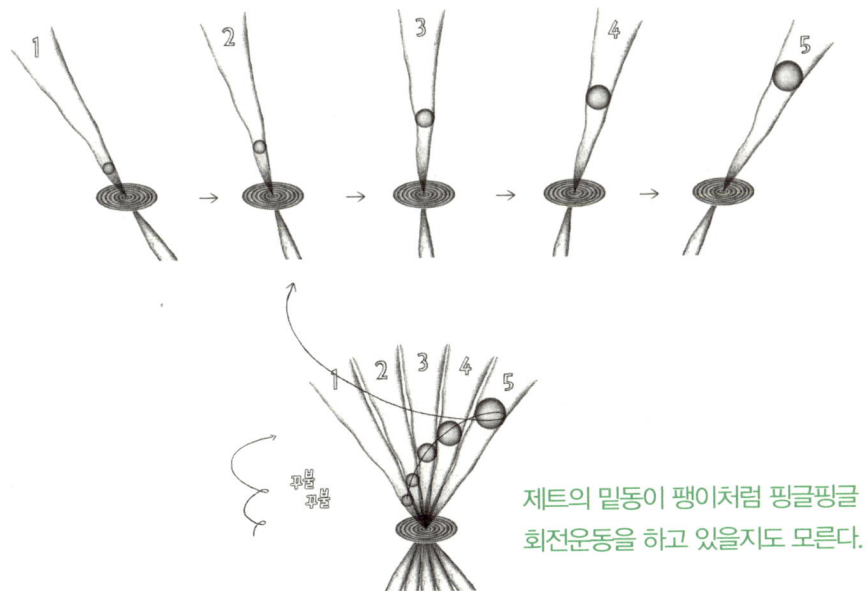

제트의 밑동이 팽이처럼 핑글핑글 회전운동을 하고 있을지도 모른다.

• 일방 제트

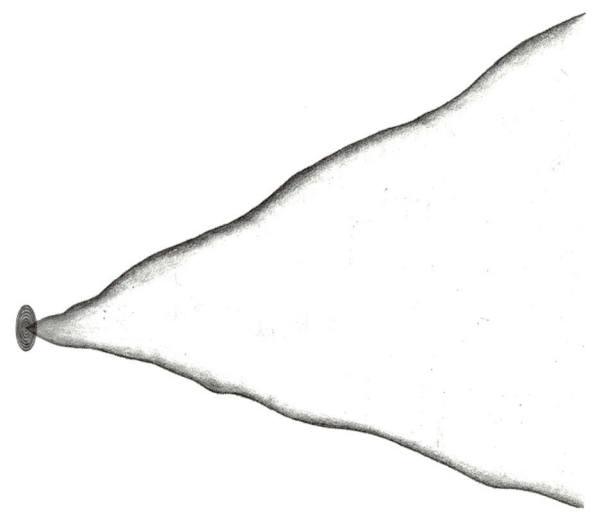

제트는 보통 강착원반과 수직으로 두 개 존재하지만,
제트가 한쪽밖에 보이지 않는 경우도 있다.
한쪽 제트가 우리 쪽을 향하는 경우,
아인슈타인의 상대성이론에 따라 우리 쪽을 향하는
제트는 밝고 반대쪽을 향하는 제트는 어둡게 보일 수 있다.
그런 이유로 한쪽 제트밖에 보이지 않는 것이다.

• 굽은 제트

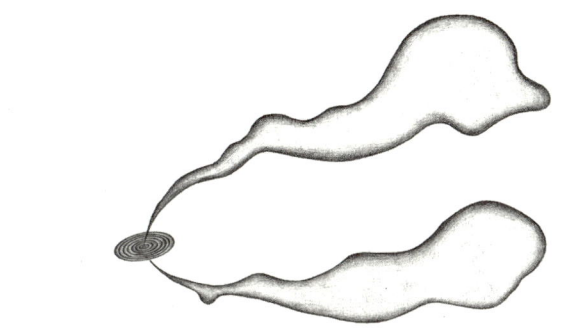

힘차게 뻗어 나온 제트의 끝에
어떤 장애물이 있을지도 모른다.

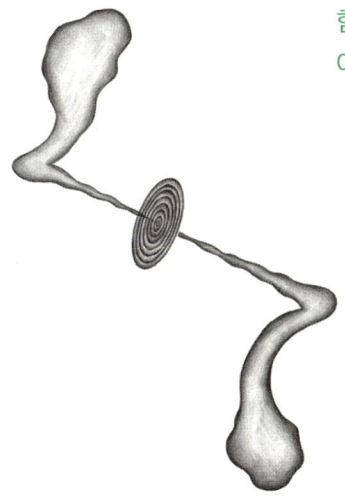

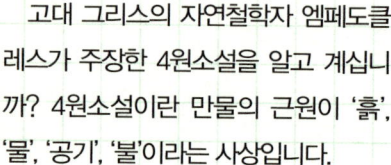

고체, 액체, 기체, 그리고 플라스마

고대 그리스의 자연철학자 엠페도클레스가 주장한 4원소설을 알고 계십니까? 4원소설이란 만물의 근원이 '흙', '물', '공기', '불'이라는 사상입니다.

물질은 고체, 액체, 기체 등 성질이 다른 세 가지 상태로 변합니다. H_2O는 고체일 경우 얼음, 액체일 경우 물, 기체일 경우 수증기라고 불립니다.

그런데 플라스마는 이 세 가지 상태와 또 다른 성질을 지닌 상태입니다. 그 점을 고려하며 엠페도클레스의 4원소설을 다음과 같이 대응시켜 보겠습니다.

> '흙'은 '고체'
> '물'은 '액체'
> '공기'는 '기체'
> '불'은 '플라스마'

이렇게 딱 들어맞다니 신기하네요!
실제로 화염의 일부는 전자가 원자에서 떨어진 플라스마 상태입니다. 엠페도클레스의 통찰력이 정말 대단하지요?

✫ PART 8
드디어 종점

한 번 지나가면
두 번 다시 돌아올 수 없는 **성벽**

'은하 제트 박물관'을 충분히 둘러본 후, 은하 버스에 다시 올라타서 '중심 블랙홀 정거장'으로 향합니다.

버스는 우리은하 중심의 강착원반을 통과해서 지금은 슈바르츠실트의 반지름(Schwarzschild's radius)에 접어들었습니다.

"잠시 후 슈바르츠실트의 반지름으로 들어가겠습니다."

슈바르츠실트의 반지름에 가까워지면 그 강력한 중력에 사로잡혀 두 번 다시 돌아올 수 없습니다.

그 반지름(R)은 질량(M)에 따라 달라집니다. 식으로 나타내면 다음과 같습니다.

$$R = \frac{2GM}{c^2}$$

G: 중력상수, c: 빛의 속도

　이런 관계는 슈바르츠실트라는 사람이 발견했기 때문에 슈바르츠실트의 반지름이라고 부릅니다.

　슈바르츠실트의 반지름부터를 블랙홀이라고 정의하는 것이 일반적이지만, 여기에서는 슈바르츠실트의 반지름의 중심에 위치하는 '특이점'이 블랙홀 '폭군'의 거처라고 가정하겠습니다. '특이점'이란 모든 질량을 잡아들이는 곳을 말합니다.

　특이점은 블랙홀의 모든 질량이 모여 있는 부피 0의 한 점입니다. 참으로 기묘한 존재입니다.

　슈바르츠실트의 반지름은 블랙홀 안쪽과 바깥쪽을 뚜렷이 나누는 경계선입니다.

　이 경계선은 거대 블랙홀 '폭군'의 성벽이라고 할 수 있습니다. 슈바르츠실트의 반지름은 폭군의 거처인 중심에서 성벽까지의 거리입니다. 슈바르츠실트의 반지름의 안쪽으로 들어가면 어느 누구도 두 번 다시 나올 수 없습니다.

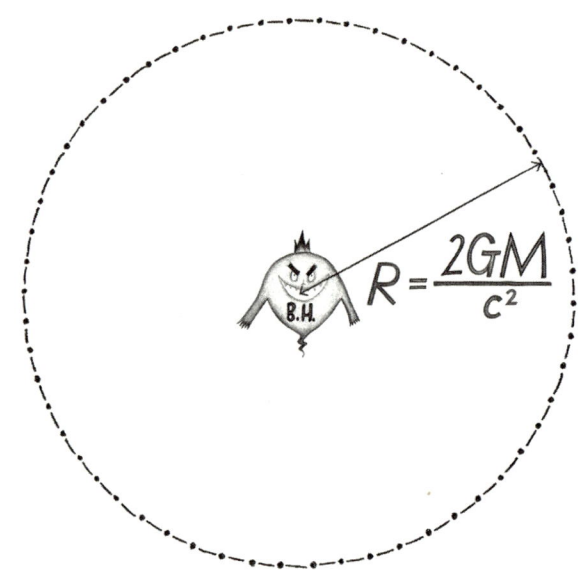

$$R = \frac{2GM}{c^2}$$

점선이 슈바르츠실트의 반지름을 나타낸다. 이 안쪽으로 들어가면 두 번 다시 나올 수 없다.

성벽 바깥쪽에서 버스를 돌려 중심 블랙홀과 반대쪽 방향으로 달리면, 지금이라도 원래 세상으로 돌아갈 수 있습니다. 하지만 이 성벽을 살짝이라도 넘는 순간, 아무리 발버둥 쳐도 아무리 바깥쪽으로 뛰쳐나가려 해도, 블랙홀에 잡혀 질질 끌려가서 가장 중심의 특이점까지 떨어지는 운명이 되고 맙니다.

우리은하 중심에 있는
블랙홀의 성벽은?

우리은하 중심에 존재하는 거대 블랙홀의 질량은 태양질량의 약 10^6배 정도라고 합니다.[13]

이를 토대로 계산하면 슈바르츠실트의 반지름은 중심의 거대 블랙홀 '폭군'으로부터 300만km 떨어진 성벽입니다. 바깥둘레는 1,855만km에 달합니다.

300만km라는 거리는 지구에서 달까지의 약 8배에 해당합니다. 그리고 지구에서 태양까지의 약 50분의 1입니다. 거대 블랙홀 '폭군'은 꽤 넓은 성에 살고 있군요.

---

[13] 최근의 연구 결과로는 $3.7 \times 10^6 M_\odot$이라고 합니다. 여기에서는 간단히 $10^6 M_\odot$이라고 하겠습니다.

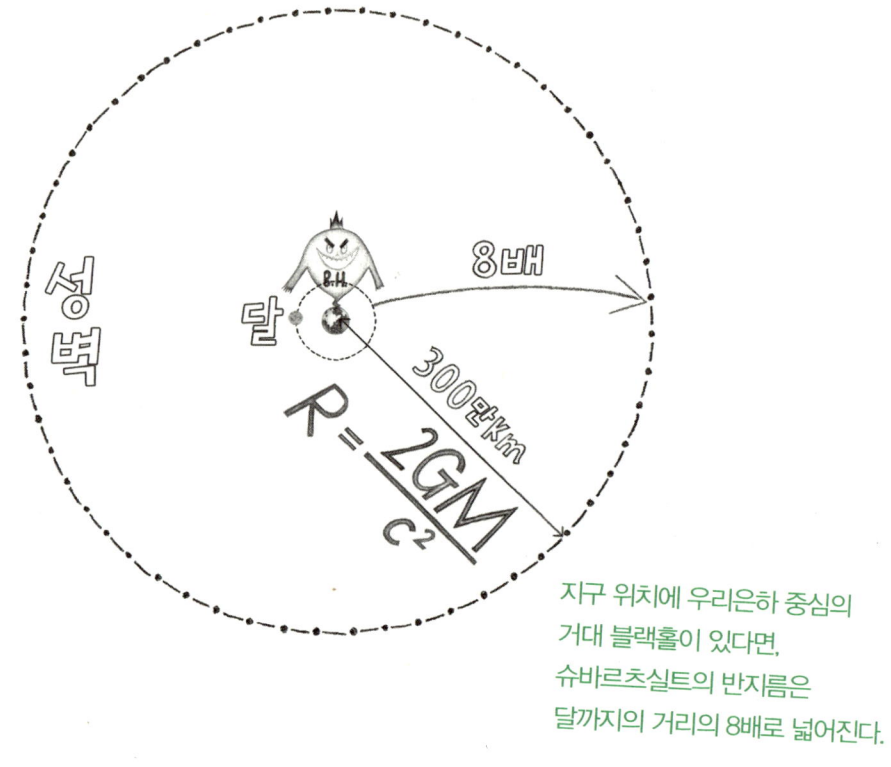

성벽

달

8배

300만km

$$R = \frac{2GM}{c^2}$$

지구 위치에 우리은하 중심의
거대 블랙홀이 있다면,
슈바르츠실트의 반지름은
달까지의 거리의 8배로 넓어진다.

우리은하 중심의 특이점에서 300만km 이내에 한 발짝이라도 들여
놓으면 두 번 다시 돌아올 수 없는 셈입니다.

"잠시 후 슈바르츠실트의 반지름으로 들어가겠습니다."

몸이 위아래로
길게 늘어납니다

블랙홀의 조석력(潮汐力)에 관해 생각해 보겠습니다.

조석력이란 밀물과 썰물을 일으키는 힘입니다. 지구에서는 달의
인력으로 밀물과 썰물이 일어납니다.

사람이 발끝을 블랙홀 방향에 놓고 블랙홀로 다가갈 때, '머리'와
'발끝'에 가해지는 중력이 달라서 일어나는 현상에 관해 생각해 보겠
습니다.

머리에 가해지는 중력과 발끝에 가해지는 중력의 차이가 너무 크면 사람의 몸이 국수 가닥처럼 가늘고 길게 늘어납니다.

현재 위치하는 성벽 부근에서 우리은하 중심의 거대 블랙홀로부터 받는 조석력을 계산하면, 0.016m/s^{2}입니다.

지구 표면상의 중력가속도 9.8m/s^{2}의 1,000분의 1 정도입니다. 즉, 거의 영향을 받지 않는다는 뜻입니다. 그러므로 국수 가닥처럼 가늘고 길게 늘어날 걱정은 없습니다. 이는 지금 향하는 블랙홀 '폭군'이 너무너무 무겁기 때문입니다.

가벼운 백성 블랙홀의 성벽 부근에서 조석력은 이 정도로 작지 않습니다. 머리와 발끝에서 중력가속도의 차이는 초속 160만m/s² 정도입니다. 이 경우, 지구 표면상의 중력가속도 9.8m/s²의 16만 배에 달합니다.

사람의 몸은 블랙홀에 빨려 들어갈 때 조석력의 영향을 받아 가늘고 길게 늘어난다.

그러나 이 경우에도 키가 조금 작은 사람은 가해지는 조석력도 그만큼 작아집니다.

같은 조건에서 키 1mm의 벼룩이 백성 블랙홀에서 받는 조석력은 105G 정도이지요. 크기가 작을수록 조석력도 작아지는 것입니다. 이 때문에 달의 인력은 전 지구 규모의 '밀물과 썰물'을 일으킬 수는 있지만, 우리 인간을 '늘이거나 줄일' 수는 없습니다.

달의 인력이 밀물과 썰물을 일으킨다.

큰 블랙홀과
작은 블랙홀

그런데 블랙홀이 무거우면 왜 성벽 '슈바르츠실트의 반지름'에서의 조석력이 작아질까요? 그것은 블랙홀이 무거울수록 슈바르츠실트의 반지름이 커지기 때문입니다.

이상한 예를 하나 들어 보겠습니다. 질량이 클수록 지위가 높은 블랙홀이라고 한다면, 지위가 높은 블랙홀일수록 대지가 넓은 성을 쌓을 수 있고, 블랙홀이 있는 중심에서 성벽까지의 거리도 길어집니다.

우리는 블랙홀에 가까이 다가가기도 전에 "여기는 '폭군'님의 땅이오! 한 번 발을 들여놓으면 두 번 다시 돌아갈 수 없소!" 하고 경고받습니다. 하지만 성벽에 발을 들여놓을 때쯤에도 폭군의 얼굴조차 보이지 않을뿐더러 목소리를 듣기는커녕 그 존재감도 느낄 수 없습니다.

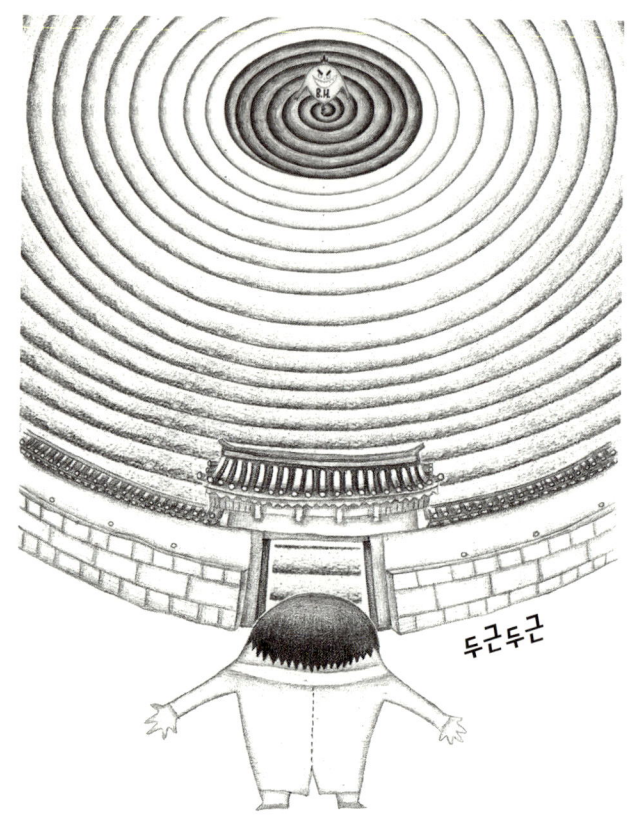

두근두근

　반면, 백성 블랙홀의 집 울타리는 현관에서 얼마 떨어져 있지 않고, 울타리 너머로 슬쩍 들여다보면 블랙홀의 얼굴도 볼 수 있습니다. 대번에 블랙홀의 존재를 느끼고 조석력의 영향도 강력히 받게 되는 셈입니다.

딩동

"잠시 후 슈바르츠실트의 반지름으로 들어가겠습니다."

정거장 39부터는 본론으로 돌아와, 우리은하 중심의 거대 블랙홀
로 계속 나아가겠습니다.

보이지 않는 곳에 있는
코끼리가 보입니다

우리는 우리은하 중심의 거대 블랙홀로 계속 나아갑니다.

성벽에 가까이 다가갈수록 주변 세상이 다르게 보입니다. 빛이 블랙홀 주위를 지날 때 너무나 강력한 블랙홀의 중력 때문에 그 궤적이 휩니다.

우리는 빛을 통해 물체를 보기 때문에 빛의 궤적이 바뀌면 보이는 세상도 바뀝니다.

그림처럼, 블랙홀 뒤에 있는 코끼리에서 나오는 빛이 아래로 휠 수도 있습니다. 이때 코끼리가 실제로는 블랙홀 뒤에 있지만, 마치 블랙홀 왼쪽에 있는 것처럼 보이게 됩니다.

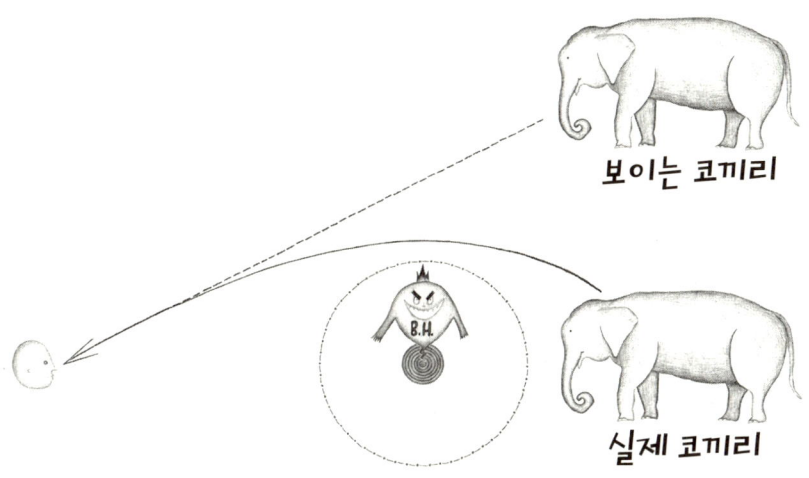

보이는 코끼리

실제 코끼리

왼쪽이 관측자이고, 코끼리는 관측자가 봤을 때 블랙홀 뒤에 있다.
이 경우 코끼리로부터 나온 빛이 블랙홀 근처에서 휘어져서,
관측자에게는 블랙홀 왼쪽에 코끼리가 있는 것처럼 보인다.

올빼미 한 마리가
여러 마리로 보입니다

우리은하의 거대 블랙홀 근처에서 일어나는 현상을 하나씩 살펴보겠습니다.

블랙홀 가까이에 올빼미 한 마리가 있다고 가정해 보겠습니다. 이때 올빼미로부터 나오는 빛이 아래 그림처럼 블랙홀 주위를 두세 바퀴 돌 수 있습니다.

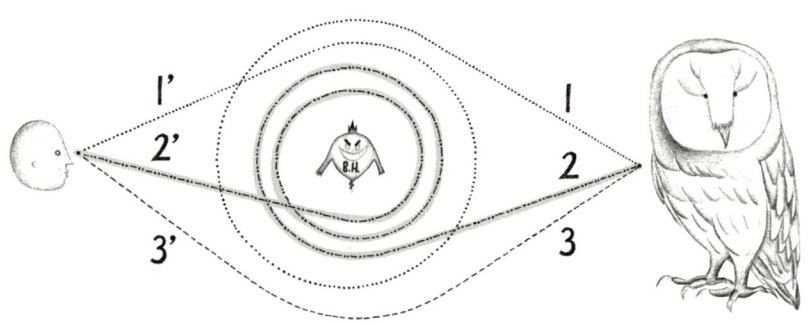

올빼미로부터 나온 빛 1이 블랙홀 주위를 한 바퀴 돌아 1'로 가고,
빛 2가 블랙홀 주위를 두 바퀴 돌아 2'로 가며,
빛 3은 휘어져서 3'로 간다.

이 경우 실제로는 올빼미가 한 마리밖에 없지만, 마치 두세 마리 있는 것처럼 모습이 겹쳐 보입니다.

어느 정도의 거리까지 블랙홀에 가까워지면 놀랍게도 자신의 모습을 볼 수도 있습니다.

우리은하에서는 중심 '폭군'으로부터 443만km*¹⁴ 떨어진 곳에서
블랙홀을 옆에 두고 아래 그림처럼 서면, 눈앞에서 자신의 뒷모습을
볼 수 있습니다.

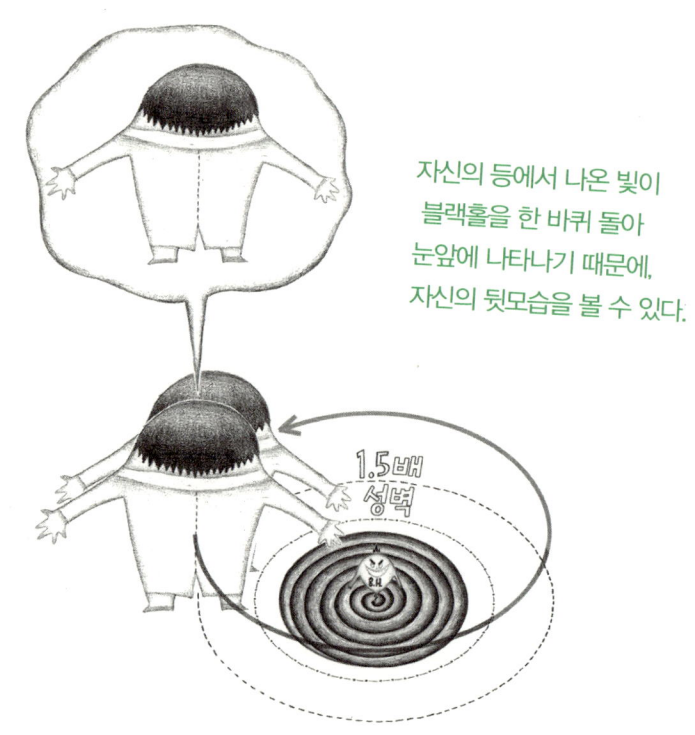

자신의 등에서 나온 빛이
블랙홀을 한 바퀴 돌아
눈앞에 나타나기 때문에,
자신의 뒷모습을 볼 수 있다.

이는 자신의 등에서 나온 빛이 블랙홀 주위를 한 바퀴 빙글 돌아
자신의 눈앞에 상을 맺기 때문에 일어나는 현상입니다.
　거울을 들여다볼 때 자신의 뒤에 또 다른 자신이 비쳐 보일 수도
있습니다. 조금 오싹하지요?

이는 자신의 정면에서 나온 빛이 블랙홀 주위를 아까와 반대 방향으로 빙글 돌아 자신의 뒤에 상을 맺기 때문에 일어나는 현상입니다.

자신의 정면에서 나온 빛이
블랙홀을 한 바퀴 돌아
자신의 뒤에 나타나기 때문에,
거울을 들여다봤을 때
얼굴이 두 개로 보인다.

*14 443만km라는 거리는 슈바르츠실트의 반지름의 딱 1.5배 되는 거리입니다.

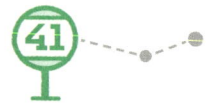

점점 작아지는 우주에
작별 인사를 하십시오

지금까지 왔던 방향을 뒤돌아보자, 거대 블랙홀의 성벽에 가까워질수록 세상의 모든 것이 원 안에 들어가고, 그 원이 점점 작아지는 듯이 보입니다. 이는 자동차를 타고 터널 안에 들어가 앞으로 달릴수록 뒤쪽 입구가 점점 작아지는 현상과 닮았습니다.

터널에 들어가 앞으로 나아가면서
왔던 방향을 뒤돌아보면,
입구가 점점
작아지는 것처럼 보인다.

　원은 작아지는 동시에 점점 밝아집니다. 뒤쪽으로 멀어져 가는 모든 별이 작은 원 안에 들어가기 때문에 면적당 빛의 강도가 커지고 별이 여러 겹으로 겹쳐 보이기 때문입니다.

　지금까지는 360도 어디를 둘러봐도 당연하다는 듯이 우주가 끝없이 펼쳐져 있었지만, 거대 블랙홀에 가까워질수록 우주를 보는 시야는 좁아집니다. 우주를 보는 시야가 얼마나 축소되는지 구체적으로 계산해 보았습니다. 자신으로부터 1m 떨어진 스크린 위에 물체의 모습을 투영할 때 얼마만큼의 스크린 공간이 필요한지 생각해 보면 구체적인 원의 지름을 산출할 수 있습니다.

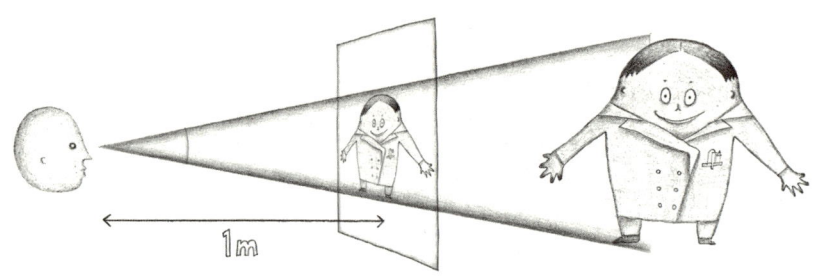

자신으로부터 1m 떨어진 스크린 위에 먼 곳의 박사님을 투영한다.

'폭군'이 있는 곳으로부터 성벽까지의 거리의 1.5배 되는 곳에서 뒤를 돌아보면, 전체 우주가 반지름 약 17m 안에 들어간 것처럼 보입니다.

'폭군'이 있는 곳으로부터 성벽까지의 거리의 1.01배 되는 곳에서는 반지름 27cm 안에, 거의 성벽에 닿았다고 할 수 있는 1.001배 되는 곳에서는 반지름 8.3cm 안에 전체 우주를 쑤셔 넣은 것처럼 보입니다.

등 뒤로 보이는 전체 우주는 점점 작아집니다.

결국 성벽에 도착하면 모든 빛은 한 점에 모입니다.

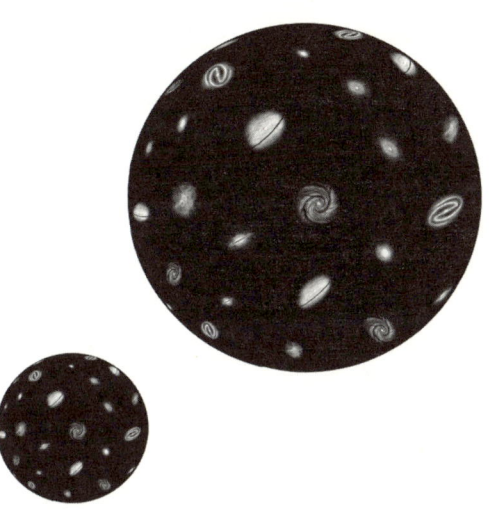

블랙홀에 다가가면서 뒤를 돌아보면 우주가 점점 작아진다.
슈바르츠실트의 반지름으로부터
1.5배 떨어진 곳에서는 전체 우주의 반지름이 17m,
1.01배 떨어진 곳에서는 전체 우주의 반지름이 27cm,
1.001배 떨어진 곳에서는 전체 우주의 반지름이 8.3cm,
1.0001배 떨어진 곳에서는 전체 우주의 반지름이 2.6cm,
1.00001배 떨어진 곳에서는 전체 우주의 반지름이 8mm,
1.000001배 떨어진 곳에서는 전체 우주의 반지름이 2.6mm로
서서히 작아진다.

점점 파래지는 **우주**에
작별 인사를 하십시오

블랙홀에 가까워질수록 등 뒤의 세계는 점점 밝고 작아질 뿐 아니라, 작아지는 원 안의 별 색깔도 변화합니다.

빨간색에서 노란색으로, 노란색에서 초록색으로, 초록색에서 파란색으로 바뀝니다.

이는 눈에 보이는 빛의 파장이 점점 짧아지기 때문입니다. 색은 빛의 파장으로 정해집니다. 사과가 빨갛게 보이는 이유는 태양으로부터 나오는 긴 파장을 반사하기 때문입니다. 긴 파장은 빨간색이고 에너지가 낮습니다.

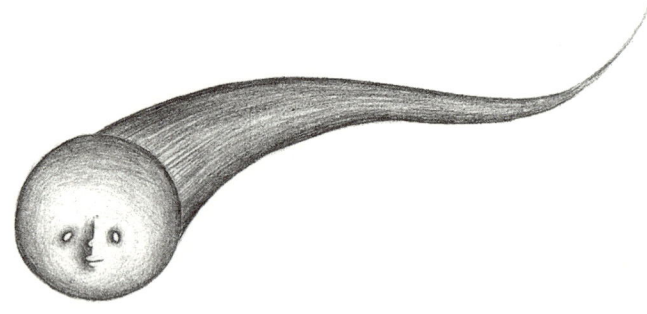

나뭇잎이 초록색으로 보이는 이유는 태양으로부터 나오는 중간 정
도의 파장을 반사하기 때문입니다.

하늘이 파랗게 보이는 이유는 태양으로부터 나오는 짧은 파장을
반사하고 산란시키기 때문입니다. 짧은 파장은 파란색이고 에너지가
높습니다.

이처럼 빛에는 다양한 길이의 파장이 있습니다.

그런데 블랙홀 가까이에서는 그 거대한 중력 때문에 빛이 고에너
지 상태가 됩니다.

에너지가 높아지면 파장이 짧아지고 파랗게 보입니다. 반대로, 멀
리 떨어진 사람이 블랙홀에 가까이 다가가는 우리 모습을 본다면, 우
리가 점점 빨개지는 것처럼 보일 테지요.

여기까지 오니
조금 후회가 됩니다 1

지금까지 아무 미련 없이 오로지 우리은하 중심의 블랙홀만 바라보며 달려왔습니다. 그러나 이제 와서 멀리 남기고 온 사람들이 떠오릅니다. 모두 나를 걱정하고 있겠지요. 블랙홀까지 단 한 걸음만 남겨 놓고 있는 나를 보고 대체 어떤 생각을 하고 있을까요?

이제야 이런저런 근심이 생기기 시작했습니다.

먼 곳에 남겨진 사람들은 여러분이 어떻게 보일까요? 한번 검증해 보겠습니다.

멀리 있는 가족이 블랙홀에 가까이 다가가는 여러분을 바라보면 여러분의 행동이 점점 느리게 보일 것입니다. 그리고 여러분이 성벽에 닿을락 말락 할 때쯤에는 답답해서 견딜 수가 없을 것입니다. 여러분의 행동이 너무 느려서 성벽 가까이에서는 멈춰 있는 듯이 보이기 때문입니다.

'폭군'이 있는 곳에서 성벽까지의 거리의 1.5배인 곳에 위치한 여러분의 하루는 멀리 떨어진 가족이 느끼는 하루의 1.7배입니다. 여러분이 성벽에 거의 닿을락 말락 한 1.01배인 곳에 가면, 멀리 떨어진 가족은 10배 빠르게 나이를 먹습니다. 여러분이 조금 더 성벽에 가까워지는 1.00004배인 곳에 가면, 멀리 떨어진 가족이 5개월을 보내도 여러분은 겨우 하루밖에 보내지 않게 됩니다.

이런 예는 어떨까요?

서로 다른 네 장소에서 같은 시각에 아기가 태어났습니다. 그 네 장소는 다음과 같습니다.

- '폭군'이 있는 곳에서 성벽까지의 거리의 1.00004배인 곳
- '폭군'이 있는 곳에서 성벽까지의 거리의 1.01배인 곳
- '폭군'이 있는 곳에서 성벽까지의 거리의 1.5배인 곳
- 지구(중력이 매우 약한 곳)

아기는 각자 무럭무럭 성장합니다. 아기들이 어떻게 성장하는지 지구에서 고성능 망원경으로 관측해 보겠습니다.

'폭군'이 있는 곳에서 성벽까지의 거리의 1.00004배인 곳에 있는 아기가 딱 한 살 생일을 맞이했을 때, 성벽까지의 거리의 1.01배인 곳에 있는 아기는 15세의 청소년이 됩니다. 성벽까지의 거리의 1.5

배인 곳에 있는 아기는 88세의 할아버지가 됩니다. 지구에 사는 아기
는…… 150세가 되어 이미 오래전에 인생을 마감했습니다.

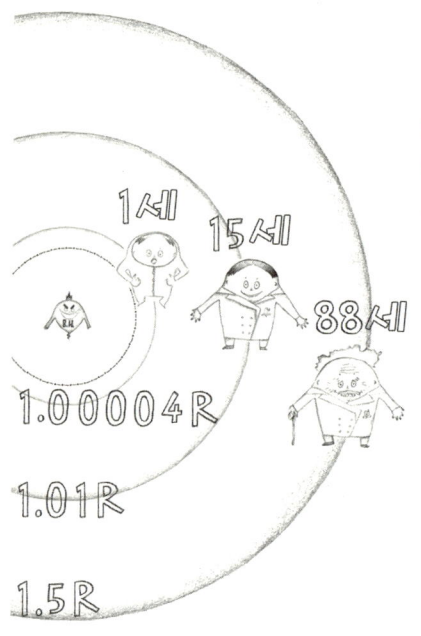

여기에서 R이란
블랙홀의 특이점에서 성벽까지의 거리,
즉 슈바르츠실트의 반지름을 뜻한다.

1세

15세

88세

150세

1.00004R

1.01R

1.5R

블랙홀을 향하는 사람이 성벽까지 좀처럼 나아가지 못하는 사이
에, 먼 곳에서 여러분을 바라보고 있는 사람은 점점 나이를 먹다가
늙어서 이 세상을 뜹니다.

그래도 여러분은 성벽을 향해 굉장히 느리게 다가갑니다. 영원히
그 자리에 멈춰 있는 것입니다. 이것이 먼 곳에서 본 당신의 모습입
니다.

여기까지 오니
조금 후회가 됩니다 2

앞 정거장에서 먼 곳의 가족이 블랙홀에 다가가는 여러분을 바라보면 느리게 보인다고 설명했는데, 실제로 여러분은 어떨까요?

블랙홀에 시시각각 다가가는 여러분이 체험하는 일은 한순간에 성벽을 넘어 중심 블랙홀로 단 몇 초 만에 떨어지고 마는 시나리오입니다.

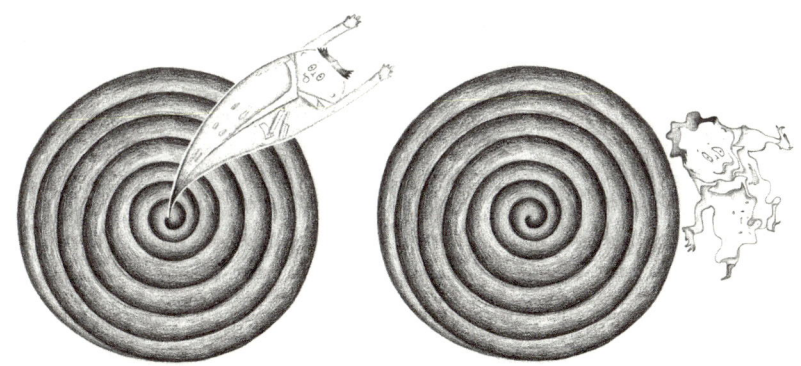

박사님의 입장에서는 순식간에 블랙홀로 빨려 들어간다.
하지만 멀리 있는 사람은 박사님이 영원히 슈바르츠실트의 반지름 가까이에
멈춰 있는 듯이 보인다.

정말 희한한 일입니다. 멀리서 본 가족의 시점과 블랙홀을 향하는 여러분의 시점은 이토록 다릅니다. 이런 현상이 일어나는 이유는 블랙홀 가까이 있는 사람과 멀리 있는 사람의 시간 간격에 차이가 있기 때문입니다. 시간의 흐름이 서로 달라지는 셈입니다.

이는 아인슈타인이 제시한 상대성이론의 효과입니다.

중력이 강한 곳을 흐르는 시간은 중력이 약한 곳을 흐르는 시간보다 느립니다. 이것은 지표면에 있는 사람보다 산 위에 있는 사람이 지구의 중력을 덜 받으므로 시간이 더 느리게 흐르고, 나이도 더 늦게 먹는다는 뜻입니다. 하지만 지구의 중력은 원체 작고 지표면과 산의 표고 차도 몇 천 미터밖에 되지 않으므로, 그 정도로는 시간이 늘어나거나 줄어드는 효과가 거의 없습니다. 따라서 앞으로 산에서만 살아서 장수해야겠다는 생각은 버리시는 게 좋습니다. 물론 우주정거장 정도의 높이에서도 그다지 큰 변화는 없습니다.

그러나 상대성이론은 블랙홀처럼 중력이 매우 큰 곳에서는 눈에 띄는 효과를 나타냅니다.

　그런 이유로, 멀리 떨어진 가족이 블랙홀에 다가가는 여러분을 바라보면 천천히 움직이는 것처럼 보입니다. 여러분은 지금까지와 마찬가지로 1시간은 1시간으로, 1분은 1분으로 느껴지기 때문에, 반대로 가족의 움직임이 이상할 정도로 빠르게 보일 것입니다.

우리는 중력이 강한 곳에 가서 자신의 시간이 느려지더라도, 그것을 느낄 수 없습니다. 머리 회전이나 세포분열의 속도 등 우리와 주변에 있는 모든 것의 시간이 다 함께 느려지기 때문에, 이전과 별 차이를 느끼지 못합니다. 멀리 떨어진 가족을 관측해서 그들이 테이프를 앞으로 돌리듯 빠른 속도로 움직인다는 사실을 알아채지 않는 한, 자신의 시간이 느려졌다는 것을 알 도리가 없습니다. 혹은 가족에게 돌아가서 그들이 자신보다 나이를 빠르게 먹었다는 사실을 직접 확인하지 않는 한(신선놀음에 도낏자루 썩는 줄 모른다는 설화, 미래로 가는 시간 여행), 자신의 시간이 느리게 지나갔다는 사실을 알 도리가 없습니다.

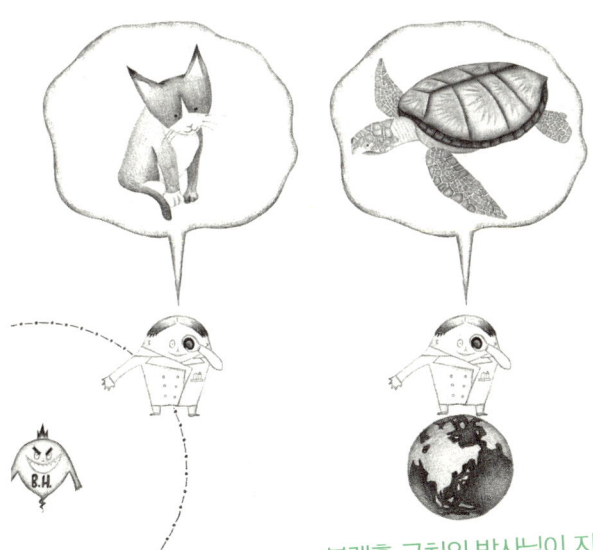

블랙홀 근처의 박사님이 지구의 가족을 관찰하면,
모두 고양이처럼 재빠르게 움직이는 듯이 보일 것이다.
지구의 가족이 블랙홀 근처의 박사님을 관찰하면,
거북처럼 느리게 움직이는 듯이 보일 것이다.

이런 이유로, 먼 곳의 가족은 여러분이 블랙홀의 나락으로 떨어지는 모습을 평생 볼 수 없지만, 여러분은 순식간에 블랙홀로 빨려 들고 맙니다.

"잠시 후 슈바르츠실트의 반지름으로 들어가겠습니다."

다시금 왔던 방향을 뒤돌아봅니다. 뒤쪽의 전체 우주가 작은 원 안에 들어갑니다. 파랗게 보입니다.

마음의 준비는 되셨습니까?

카를 슈바르츠실트(Karl Schwarzschild)

카를 슈바르츠실트는 매우 뛰어난 독일의 물리학자이자 천문학자였습니다.

1914년에 제1차 세계대전이 발발하자 당시 포츠담 천문대장이었던 슈바르츠실트는 나이가 이미 42~43세였지만 독일 군대에 지원했습니다.

슈바르츠실트는 최전선에서도 세 편의 중요한 논문을 집필했습니다. 그중 하나가 아인슈타인의 상대성이론을 토대로 블랙홀을 깊이 연구한 논문이었습니다.

그 논문에서 그는 질량이 큰 천체에 어느 정도까지 가까이 다가가면 빛마저 탈출할 수 없는 영역인 '슈바르츠실트의 반지름'이 존재한다는 사실을 주장했습니다.

그는 아인슈타인을 통해 이 논문을 프로이센 아카데미에 제출했습니다.

그러나 그로부터 넉 달 후 슈바르츠실트는 동부전선에서 병에 걸려 세상을 뜨고 말았습니다.

시간 여행 방법

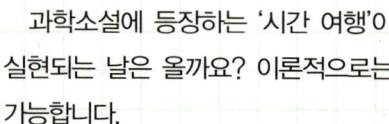

과학소설에 등장하는 '시간 여행'이 실현되는 날은 올까요? 이론적으로는 가능합니다.

미래로 가는 시간 여행이 과거로 가는 시간 여행보다 문제될 부분이 적기 때문에, 미래로 가는 시간 여행에 관해서만 잠깐 설명하겠습니다(과거로 가는 시간 여행이 어려운 이유 중 하나는, 과거에 가서 자신의 부모를 죽이면 그 일을 실행한 자신이 애초에 어떻게 태어날 수 있는가 하는 '부모 살해 패러독스' 때문입니다).

미래로 가는 시간 여행은 '중력이 큰 곳은 중력이 작은 곳보다 시간의 흐름이 느리다'는 현상을 적절히 이용합니다. 즉, 지구처럼 중력이 작은 곳에서 출발해서 블랙홀처럼 중력이 큰 곳 가까이 갔다가, 다시 지구로 돌아오는 것입니다.

그 외에 다음과 같은 방법도 있습니다.

빛의 속도에 가까워질 만큼 속도를 높여서 지구를 떠났다가, 점점 속도를 줄이면서 다시 지구로 돌아오는 것입니다.

속도를 높인 만큼 시간의 흐름이 느려지기 때문에 가속도의 정도를 잘 조절하면 3년 후의 지구 혹은 10년 후의 지구로 돌아올 수 있습니다.

그러나 현재 기술로는 장기간 우주여행을 하거나 빛의 속도만큼 가속할 수 있는 우주선을 만들 수 없다는 문제가 있습니다.

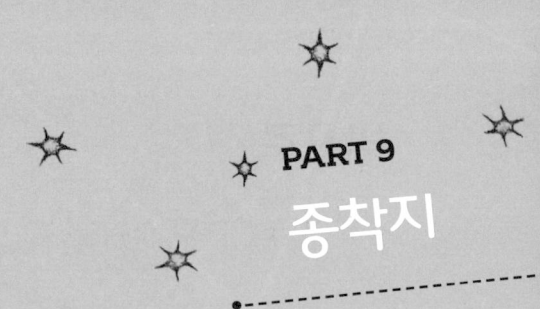

PART 9

종착지

앞으로 전진,
돌아갈 수는 없습니다

블랙홀의 성벽인 슈바르츠실트의 반지름을 넘었다고 해서 당장 무슨 일이 벌어지지는 않습니다.

가장 큰 변화라면 이제 두 번 다시 바깥으로 나갈 수 없다는 사실뿐, 성벽을 넘기 전과 넘은 후의 환경이 특별히 변하지는 않습니다. 슈바르츠실트의 반지름이 '블랙홀 안쪽과 바깥쪽을 뚜렷이 나누는 경계선'이기는 하지만, 실질적인 벽이나 선은 존재하지 않습니다. 슈바르츠실트의 반지름을 넘는 순간 갑자기 특이점에 끌려간다거나 갑자기 몸이 갈가리 찢어지지도 않습니다.

아무것도 모른 채 떠다니다가 어느샌가 엉겁결에 블랙홀 안쪽으로 들어와 버리는 사태도 일어날 수 있습니다. 섬뜩한 일이지요.

이 성벽 안쪽으로 한 발짝 들여놓으면 바깥세상으로 돌아갈 수 없을 뿐 아니라, 신호를 보낼 수도 없습니다.

그러나 바깥과의 연락이 슈바르츠실트의 반지름을 경계로 완전히 차단되는 것은 아닙니다.

여러분이 바깥으로 무언가를 전달하기는 어렵겠지만, 바깥에서 신호를 받아들일 수는 있습니다. 우리가 슈바르츠실트의 반지름을 넘어간 후에도 친구나 가족이 바깥에서 음식이나 편지를 슈바르츠실트의 반지름 안으로 넣으면, 우리는 성벽 안에서 그것을 받을 수 있습니다.

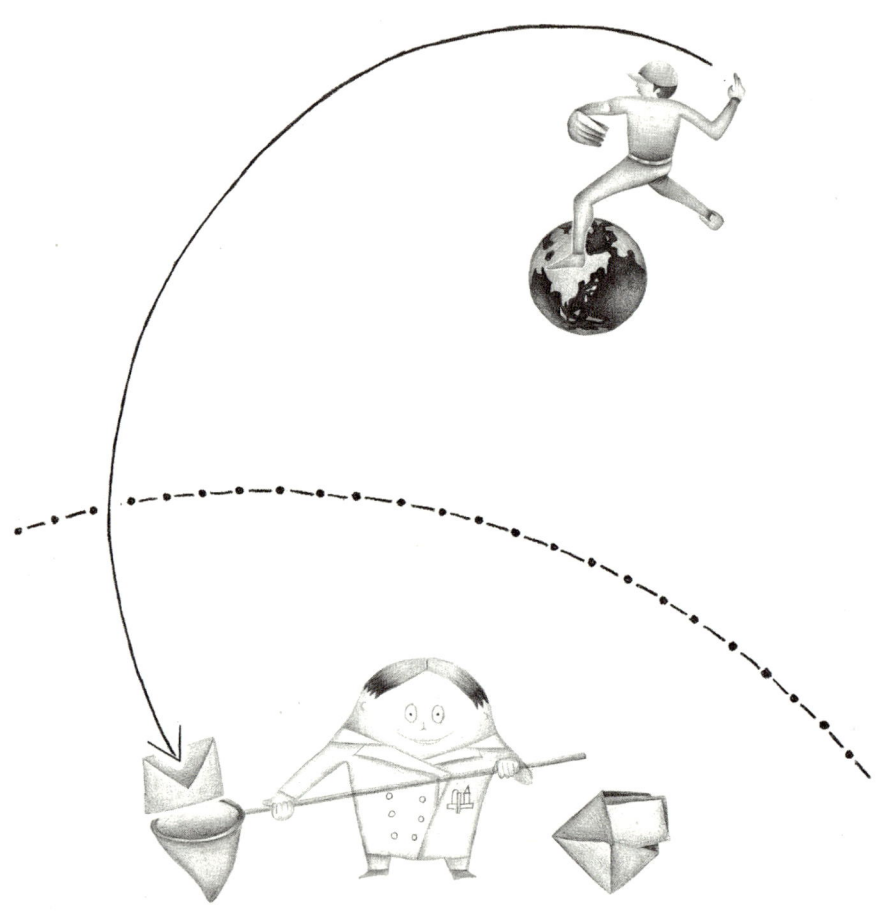

슈바르츠실트의 반지름 안으로 들어온 후에라도,
바깥에서 보낸 편지나 음식을 받을 수 있다.

블랙홀에 도착해
마침내 거대 블랙홀과 만납니다

성벽을 지나고 나서 특이점에 위치한 '폭군'에 도착할 때까지는 우리에게 매우 짧은 순간입니다.

지금 우리가 향하는 우리은하 중심의 거대 블랙홀의 질량을 $10^6 M_\odot$ (태양질량의 10^6배)이라고 하면, 성벽을 지나고 나서 특이점에 도착할 때까지는 겨우 15초밖에 걸리지 않습니다.[15]

눈 깜짝할 사이에 블랙홀의 나락으로!

---

[15] 이 15초라는 시간은 특이점을 향하는 사람의 입장에서 느끼는 시간입니다. 앞에서 설명했듯이, 멀리 떨어진 가족이 우리를 관측하면 블랙홀에 영원히 빨려 들지 않는 모습을 보게 됩니다. 이는 중력이 큰 곳과 작은 곳에서 시간의 흐름이 서로 달라지기 때문입니다.

그러나 만일 우리은하 중심에 위치한 거대 블랙홀의 질량이 $10^6 M_\odot$ (태양질량의 10^6배)보다 크다면 우리의 목숨은 조금 더 연장됩니다.

예를 들어, $10^9 M_\odot$(태양질량의 10^9배) 크기의 블랙홀이라면 그 성벽의 크기는 태양에서 천왕성까지의 거리만큼 확대되므로, 그런 거대 블랙홀의 특이점에 떨어질 때까지는 성벽을 지나고 나서 42시간 정도 걸립니다.

그보다도 훨씬 더 큰 질량의 초거대 블랙홀이 존재한다면, 슈바르츠실트의 반지름 안쪽에서 특이점까지 도착하는 데 1달, 1년 혹은 10년이 걸릴 수도 있습니다. 그 정도 시간이라면 밀크티를 마시거나 종이접기를 하며 느긋하게 생활할 수 있을지도 모릅니다. 음식이나 소식은 바깥 사람들이 전해 줄 테니까요.

"블랙홀에 도착합니다."

우리은하 중심에 군림하는 '폭군'은 대체 어떤 녀석일까? 드디어 얼굴을 보게 됩니다. 그와 동시에 이 여행도 끝나게 되겠죠. 표를 회수해 가지도 않고…….

'폭군'은 화려하게 자전하고 있었습니다.

아인슈타인의 상대성이론

아인슈타인만큼 유명하고 인기 있는 과학자는 또 없을 것입니다.

아인슈타인의 상대성이론에 의해, 이전의 뉴턴 역학의 법칙은 중력이 작은 곳, 속도·가속도가 작은 곳에서만 그럴듯하게 통용된다는 사실을 알았습니다(지구상의 우리가 통상적으로 행동하는 범위에서는 매우 그럴듯합니다).

바꿔 말하면, 태양 근처나 블랙홀 근처처럼 중력이 큰 곳에서는 뉴턴 역학이 더 이상 쓸모가 없고, 상대성이론으로 생각해야만 현상을 올바로 설명할 수 있다는 것입니다.

그처럼 중력이 큰 곳에서 일어나는 현상은 우리의 상식을 뛰어넘습니다.

예를 들어, 누구에게나 평등하게 흐른다고 생각되는 시간이 중력에 따라 줄어들거나 늘어난다는 사실은 파격적입니다. 이때 시간이라는 요소도 공간을 구성하는 중요한 요소이므로, 차원은 '세로', '가로', '높이', '시간'이라는 4차원이 됩니다.

저는 개인적으로 아인슈타인의 다음과 같은 말을 좋아합니다.

"Imagination is more important than knowledge.(상상력이 지식보다 중요하다.)"

PART 10

끝나지 않은 여행

어쩌면 여행은
앞으로도 계속될지 모릅니다

여행이 정말 끝났는지는 사실 알 수 없습니다.

'화이트홀(white hole)*16'이라는 영웅이 있을지도 모르기 때문입니다.

영웅 화이트홀

화이트홀과 블랙홀은 성격이 완전히 반대입니다. 블랙홀이 일방적으로 물질을 빨아들이기만 한다면, 화이트홀은 내뱉기만 합니다.

블랙홀과 화이트홀은 비밀 통로인 '웜홀*17'로 이어져 있다고 합니다.

그리고 블랙홀에 빨려 들어간 물질은 웜홀을 지나 화이트홀을 통해 다른 장소로 배출되는지도 모릅니다.

*16, 17 화이트홀과 웜홀은 이론적으로는 존재할 수 있지만, 실제 존재하는지는 아직 밝혀지지 않았습니다.

그 장소는 같은 우주의 다른 곳일 수도 있고, 다른 우주의 어느 한 곳일 수도 있습니다.

우리가 알지 못하는 수많은 또 다른 우주가 어딘가에 존재할지도 모르거든요.

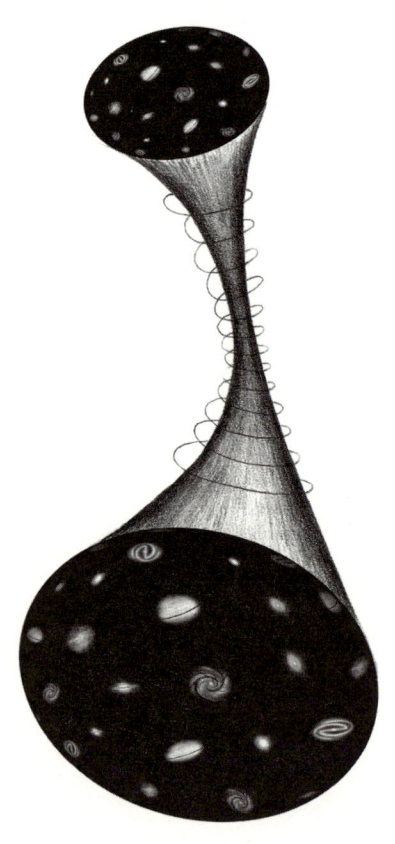

블랙홀에 들어가면 고통스러울까?

본문에서도 설명했듯이, 블랙홀에 들어가면 조석력이라는 힘을 받습니다.

조석력의 크기는 블랙홀에 가까운 쪽의 몸이 받는 힘과, 블랙홀에서 먼 쪽의 몸이 받는 힘의 차이입니다.

블랙홀의 중력은 굉장히 크기 때문에 그 조석력 역시 매우 클 수밖에 없습니다.

몸이 길게 늘어난다면 무지 고통스럽겠지요. 블랙홀에 다가갈수록 조석력은 점점 커지므로 몸이 더욱 늘어나고 갈기갈기 찢어질 수도 있습니다.

몸은 형체도 없이 사라지겠지요.

본문에서는 '블랙홀이 크면 슈바르츠실트의 반지름 내의 조석력은 작다'고 설명했지만, 사실 이 경우에도 중심의 특이점에 가까워질수록 조석력은 커져서 어차피 결국에는 몸이 갈기갈기 찢어지는 사태를 피할 수 없습니다. 그러나 블랙홀이 크면 슈바르츠실트의 반지름 안에서 특이점에 떨어질 때까지의 시간이 늘어나기 때문에, 조금이나마 더 블랙홀 여행을 즐길 수 있을 것입니다.

THE END

★ 맺음말

이 책은 이과 과목이라면 넌더리를 내는 어른과 어린이, 또는 블랙홀에 관해 잘 모르는 어른과 어린이를 대상으로 썼습니다. 따라서 어린이도 쉽게 읽을 수 있도록 전문용어를 되도록 피하고, 일상적으로 이해할 수 있는 말로 최대한 바꿔 썼습니다. 새로운 지식을 얻기 위해 다른 책이나 인터넷을 찾아보려는 분은 찾아보기를 참조해 주십시오.

이 책의 원고를 쓰는 데에는 저의 대학원 시절 은사이신 국립천문대 이노우에 마코토 교수님이 과학적인 면에서 의견과 조언을 주셨습니다. 또한, 국립천문대 미요시 마코토 교수님은 블랙홀의 전문가로서 특히 후반부 내용에 관해 여러 가지 물리학적인 지적을 해 주셨습니다. 귀중한 시간을 할애해 주신 두 분께 깊은 감사의 말씀을 드립니다. 그리고 저의 선배이자 현재 국립천문대 연구원인 나가이 요씨는 우주 제트 부분에 관해 적확하고 꼼꼼한 코멘트를 해 주셨습니다. 감사드립니다.

그리고 이 책의 대상 독자인 '이과 과목을 싫어하는 독자' 대표로서, 저의 어머니와 언니가 원고를 읽고 솔직한 감상을 말해 주어서 많은 개선점을 발견할 수 있었습니다.

　마지막으로 이 책을 쓸 계기를 마련해 주신 편집장님과, 아무것도 모르는 저를 출판으로 이끌어 주신 담당 편집자님께 큰 신세를 졌습니다. 이 자리를 빌려 진심으로 감사의 인사를 올립니다.

하바 아리사

• 찾아보기

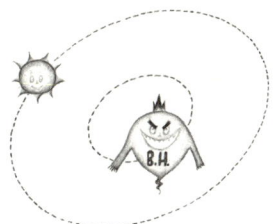

글·그림 하바 아리사

1979년 오사카에서 출생.
홋카이도대학교 물리학과 졸업.
도쿄대학교 대학원 이학계 연구과 천문학 전공 석사과정 수료.
한 달 정도 여행을 다녀와서 여행기를 쓰는 것이 취미.
지금까지 인상 깊었던 여행지는 루마니아, 불가리아, 페루, 스리랑카 등.
현재는 과학 전문 작가, 일러스트레이터로 활약 중.
좋아하는 책이나 빵, 또는 새롭게 배운 간단한 과학 지식을 소개하는 블로그가
인기를 끈다(매일 그림 그리기 신문 http://my.opera.com/HABAAlisa/blog/).
저서로 『기묘한 DNA 도서관(교육과학기술부인증 우수과학도서)』이 있다.

옮긴이 이용택

한국외국어대학교에서 일본어를 전공하고,
출판사에서 기획, 번역, 편집 업무를 담당했다.
현재 번역에이전시 엔터스코리아 출판기획 및
일본어 전문 번역가로 활동 중이다.

주요 역서로는 『게임경제학』, 『골프는 과학이다』, 『골프는 과학이다 2』,
『1분 몰입』, 『후회 없는 죽음을 위해 꼭 알아야 할 것들』,
『히스토리가 되는 스토리 경영』, 『라쿠텐 쇼핑몰 CEO들의 성공법칙 10』,
『세계 금융 붕괴 시나리오』, 『비즈니스 통계 노하우―팀장님은 어떻게 할까』,
『안녕하세요 김정남입니다』외 다수가 있다.

기묘한 블랙홀행 은하 버스

1판 1쇄 인쇄 2013년 4월 15일 | **1판 1쇄 발행** 2013년 4월 22일
지은이 하바 아리사 | **옮긴이** 이용택
펴낸곳 북스마니아 | **펴낸이** 임지호 | **디자인** 이현주
주소 서울시 마포구 서교동 353-1 서교타워 1501호
팩스 02-6280-8678
출판등록 2009년 10월 23일 | **등록번호** 105-18-65598
ISBN 978-89-97329-08-3 43440

2011년 교육과학기술부인증 우수과학도서

기묘한 DNA 도서관

하바 아리사 글 · 그림/김현영 옮김

저자가 연구실에서 직접 체험한 내용을 쓰고 그린
재미있는 일러스트 DNA 가이드!

• 재미있는 일러스트로 어려운 개념을 쉽게 이해합니다!

폭넓고 다양한 DNA의 세계! 제대로 알기 위해선 엄청난 공부를 해야 하지만, 『기묘한 DNA 도서관』에서는 재미있는 일러스트와 이야기로 단번에 쉽게 알 수 있도록 구성했습니다.

• 저자가 연구실에서 직접 체험한 일을 쓰고 그렸습니다!

물리학도였던 저자 역시 생소한 분야를 연구실에서 직접 체험하며 일반인과 같은 입장에서 쓰고 그렸기 때문에, DNA를 잘 알지 못하는 사람들도 쉽게 이해할 수 있습니다.

• 중학교와 고등학교 필수 과학 지식, DNA! 이 한 권으로 미리 쉽게 공부합니다!

『기묘한 DNA 도서관』을 읽고 나면, 중 · 고등학교에서 배우는 DNA 시간에 남들보다 한걸음 앞선 지식으로 수업 시간이 즐거워집니다.

• DNA 도서관에서는 어떤 일이 벌어지고 있을까요?

책을 빌리고 반납하고 연구하여 새로운 결과물을 내는 도서관. 이처럼 『기묘한 DNA 도서관』에서도 DNA 정보를 빌리고, 필요한 내용을 복사해 새로운 결과물이 생겨나기도 한답니다. 우리 몸을 결정짓는 수많은 정보를 보유한 DNA를, 도서관에 있는 책들에 비유하고 있지요. 그리고 도서관에서 책을 빌리고, 복사하는 일들을 통해 DNA 관련 정보들을 쉽게 알 수 있도록 꾸몄습니다.

우리 몸은 60조 개의 DNA 도서관!
기묘하고 재미있는 이야기와 일러스트가 가득한
DNA 도서관에 놀러 오세요!